JN088085

イラストで
そこそこわかる
ネットワーク
プロトコル

通信の仕組みからセキュリティのきほんのきまで

システムアーキテクチュアナレッジ
川島拓郎

本書内容に関するお問い合わせについて

このたびは翔泳社の書籍をお買い上げいただき、誠にありがとうございます。弊社では、読者の皆様からのお問い合わせに適切に対応させていただくため、以下のガイドラインへのご協力をお願いしております。下記項目をお読みいただき、手順に従ってお問い合わせください。

ご質問される前に

弊社Webサイトの「正誤表」をご参照ください。これまでに判明した正誤や追加情報を掲載しています。

正誤表　https://www.shoeisha.co.jp/book/errata/

ご質問方法

弊社Webサイトの「書籍に関するお問い合わせ」をご利用ください。

刊行物Q&A　https://www.shoeisha.co.jp/book/qa/

インターネットをご利用でない場合は、FAXまたは郵便にて、下記"翔泳社　愛読者サービスセンター"までお問い合わせください。
電話でのご質問は、お受けしておりません。

回答について

回答は、ご質問いただいた手段によってご返事申し上げます。ご質問の内容によっては、回答に数日ないしはそれ以上の期間を要する場合があります。

ご質問に際してのご注意

本書の対象を越えるもの、記述個所を特定されないもの、また読者固有の環境に起因するご質問等にはお答えできませんので、予めご了承ください。

郵便物送付先およびFAX番号

送付先住所　〒160-0006　東京都新宿区舟町5
FAX番号　　03-5362-3818
宛先　　　　株式会社翔泳社 愛読者サービスセンター

はじめに

　私たちの生活は様々な情報技術で成り立っています。遠く離れた世界のどこかとも一瞬で通信を行うことができ、世界中に向けて自らの考えを発信することができます。現代の私たちの暮らしは、インターネットやそれを支えるネットワークによって成り立っていると言っても過言ではありません。

　ネットワークの世界は広く深く、多くの要素で成り立っています。物理的なケーブル、ケーブルを伝わっていく電気信号や光信号、それらに変換された様々なデータ、そしてデータをやり取りするためのルールの数々……。

　本書では、エンジニアとしてこの業界に入ったばかりの方から、仕事をしていく中で改めて初心に立ち返って勉強される方などに向けて、こういったネットワークの世界の一端に触れていただくために執筆しました。ネットワークやインターネットの歴史から現在使われている技術まで、様々な分野の話題をネットワークプロトコルという観点から扱っています。

　残念ながら、本書の内容だけでエンジニアの仕事ができるようになるわけではありませんが、本書で取り上げたネットワークやネットワークプロトコルの話は、ネットワークを理解するためには必須なものばかりです。エンジニアとして、特にネットワークに関わる業務に携わったり、エンジニアの先輩たちと会話をしたりしていくうえで、必ず必要になっていきます。

　紙面の都合上、それぞれの内容について深く学ぶのは難しいため、代表的なものの概要とその役割、フォーマットなどを紹介しています。

　本書でネットワークやネットワークプロトコルの基本を学んだら、その知識を活かしてネットワークの実践的な技術を身に付けたり、実際の業務の中でより高度な技術にチャレンジしたり、それぞれのネットワークプロトコルの知識をさらに深掘りしたりしていただければと思います。

　それでは、奥深いネットワークの世界を一緒に覗いてみましょう。

2022 年 8 月　システムアーキテクチュアナレッジ　川島 拓郎

本書の使い方

　本書は、「見るだけである程度わかる」というコンセプトのもとに執筆されています。マンガや図解イラストをチラッと見れば、通信の仕組みやネットワークプロトコルがある程度理解できるようになっています。

　本書では、通信の様子を理解するために一部のネットワークプロトコルについてパケットキャプチャを行っています。パケットキャプチャの具体的な方法は、**第1章06**をご覧ください。

アリシマ講師
とあるITスクールの人気講師かつ現役エンジニア

タナカさん
駆け出しのネットワークエンジニア。研修でITスクールに通う

ササキさん
6年目の情シス。自己研鑽のためにITスクールで勉強中

●マンガ
その項目で学ぶ内容を、まずはなんとなくイメージしましょう。

●マメ知識
覚えておくと役に立つキーワードなどを解説しています。

- IT 系のエンジニアとして業界に入ったばかりの方
- ネットワークプロトコルについて、改めて学びたいと思った方

- OS：Windows 10 Pro 64bit
- メモリー：16GB
- ハードディスク（SSD）：SSD 256GB
- CPU：Intel(R) Core(TM) i5-8265U
- Wireshark のバージョン：Version 3.4.5

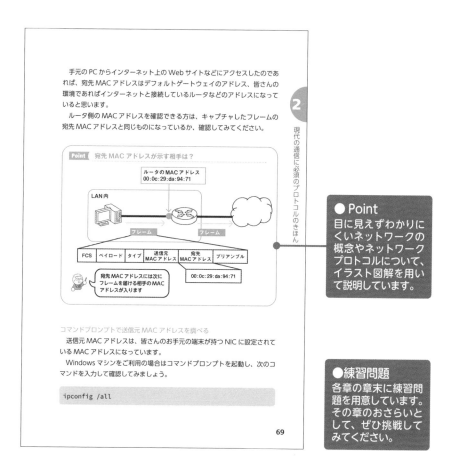

　手元の PC からインターネット上の Web サイトなどにアクセスしたのであれば、宛先 MAC アドレスはデフォルトゲートウェイのアドレス、皆さんの環境であればインターネットと接続しているルータなどのアドレスになっていると思います。

　ルータ側の MAC アドレスを確認できる方は、キャプチャしたフレームの宛先 MAC アドレスと同じものになっているか、確認してみてください。

Point 宛先 MAC アドレスが示す相手は？

ルータの MAC アドレス
00:0c:29:da:94:71

LAN 内

フレーム　フレーム

FCS	ペイロード	タイプ	送信元 MAC アドレス	宛先 MAC アドレス	プリアンブル

00:0c:29:da:94:71

宛先 MAC アドレスには次にフレームを届ける相手の MAC アドレスが入ります

2 現代の通信に必須のプロトコルのきほん

● Point
目に見えずわかりにくいネットワークの概念やネットワークプロトコルについて、イラスト図解を用いて説明しています。

コマンドプロンプトで送信元 MAC アドレスを調べる

　送信元 MAC アドレスは、皆さんのお手元の端末が持つ NIC に設定されている MAC アドレスになっています。

　Windows マシンをご利用の場合はコマンドプロンプトを起動し、次のコマンドを入力して確認してみましょう。

```
ipconfig /all
```

●練習問題
各章の章末に練習問題を用意しています。その章のおさらいとして、ぜひ挑戦してみてください。

69

5

もくじ

第 1 章　ネットワークのきほん

第2章　現代の通信に必須のプロトコルのきほん

第 3 章　通信の信頼性を支えるプロトコルのきほん

第 4 章　日常で使うインターネットを支えるプロトコルのきほん

第5章　ネットワークを支える技術のきほん

第 6 章　物理層に関係した技術のきほん

第 7 章　セキュリティ関連技術のきほん

付属データのご案内

　本書では各章に登場するプロトコルについて、読者の皆さんが各プロトコルのパケットの内容を手元で確認できるよう、Wireshark でキャプチャしたファイルを付属データとして提供しています。ただし、紙面に【Download】とあるものに限ります。

　付属データは、翔泳社の次のサイトからダウンロードできます。

　　https://www.shoeisha.co.jp/book/download/9784798171999

※ 付属データは .zip で圧縮しています。ご利用の際は、必ずご利用のマシンの任意の場所に解凍してください。

◆注意

※ 付属データに関する権利は著者および株式会社翔泳社が所有しています。許可なく配布したり、Web サイトに転載したりすることはできません。

※ 付属データの提供は、予告なく終了することがあります。あらかじめご了承ください。

◆免責事項

※ 付属データの内容は、本書執筆時点の内容に基づいています。

※ 付属データの提供にあたっては正確な記述につとめましたが、著者や出版社などのいずれも、その内容に対してなんらかの保証をするものではなく、内容やサンプルに基づくいかなる運用結果に関してもいっさいの責任を負いません。

第 **1** 章 ネットワークの きほん

01

第1章 ネットワークのきほん

ネットワークのきほん

普段何気なく使っているネットワーク。会社や家庭、仕事やゲームなど日常生活の中で、私たちは常にネットワークに触れて生活しています。改めてネットワークとは何かを考えてみましょう。

16

01-1 ネットワークって何だろう？

　ネットワークという言葉は一般的に、「複数の人やものを網目状に繋げた状態、繋げたもの」のことを指します。例えば、ある地域で人々が交流する仕組みや組織のことを、地域ネットワークといったりします。

01-2 情報通信の世界のネットワークとは？①

　情報通信の世界では主に**コンピュータネットワーク**のことをネットワークと呼び、「コンピュータやネットワーク機器などが相互に接続し、通信できる状態やシステム」を指します。ネットワーク上には、皆さんが普段使うスマートフォンや PC、ゲーム機といったものから業務用のサーバやネットワーク機器といったものまで様々な機器が存在し、通信を行っています。

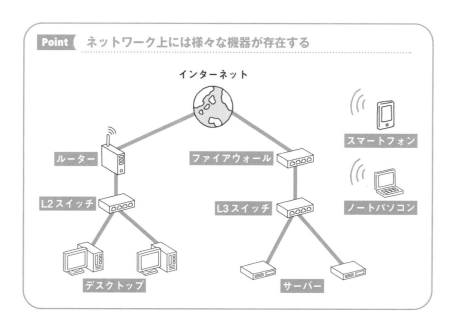

Point　ネットワーク上には様々な機器が存在する

インターネット

ルーター

ファイアウォール

スマートフォン

L2 スイッチ

L3 スイッチ

ノートパソコン

デスクトップ

サーバー

01-3 情報通信の世界のネットワークとは？②

　また、もう1つの意味として「コンピュータ同士を繋ぐ通信経路」のこともネットワークと呼びます。この場合、私たちが使う**端末（クライアント）**とサービスを提供する**コンピュータ（サーバ）**の間をネットワークが繋いでいることになります。

　クライアントサーバシステムとは、コンピュータシステムの形態の1つです。インターネット上の多くのサービスやプロトコルでは、クライアントサーバシステムを用いています。クラサバ、C/Sと表記されることもあります。

Point クライアントとサーバを繋ぐネットワーク

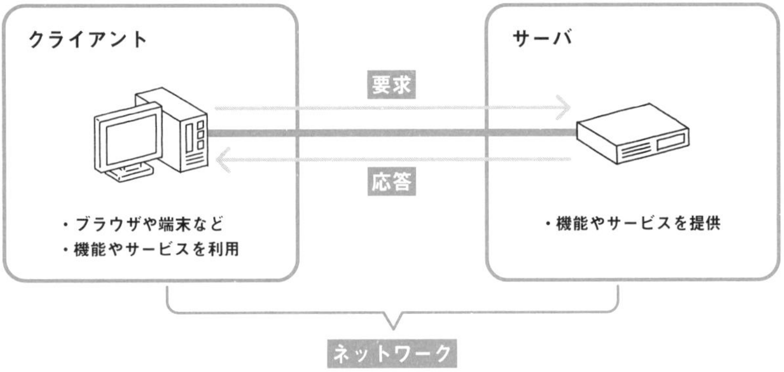

クライアント
サーバ
要求
応答
・ブラウザや端末など
・機能やサービスを利用
・機能やサービスを提供
ネットワーク

マメ知識

ホスト、ノード、端末

ネットワーク上のPCやルータといった機器を示す言葉として、ホストやノード、端末といった言葉をよく目にします。
ホストはネットワーク上のIPアドレスを持つコンピュータを指すことが多く、ノードはホストにさらにネットワーク機器を加えた言葉として使われることが多いものです。端末は少し曖昧で、ネットワーク上のなんらかの機器を指す言葉として使われることがあるようです。

01-4 ネットワークを支えるものたち

　私たちがネットワークを使う際、そこには様々な仕組みが存在しています。ネットワークを物理的に接続するケーブルや機器、通信を行うための決まりごとを定義している多数のプロトコルなど、様々な要素がネットワークを構成しているのです。コンピュータやルータ、スイッチなどのネットワーク上の機器は様々なベンダーが作っており、それらの使い方や機能について網羅的に習熟するのは非常に時間がかかります。

　しかし、プロトコルはどのベンダーの機器や環境でも扱えるように標準化されています。そのため、プロトコルについての知識を得ることで、どんな環境でも扱える普遍的な技術を身につけることができるはずです。このため、本書ではネットワークを支えるプロトコルに着目して、代表的なプロトコルの概要を学習していきましょう。

プロトコルってどんなものでしょうか？

プロトコルについては
これから説明していきます

プロトコルについての知識を身につけると、
どのような環境のどのような機器でも、
ある程度理解できるようになりますよ

02 ネットワークの歴史

現在使われているネットワークやインターネットはどのようにして出来上がったのでしょうか？インターネットの原点に立ち返り、現代に至るまでのインターネットの歴史を振り返ってみましょう。

02-1 ネットワークの始まり～スタンドアロン～

ネットワークが登場する以前は、コンピュータは**スタンドアロン**と呼ばれる形態で使われていました。1台の端末が独立して存在し、それを作業者が順番に使う形です。それぞれのコンピュータが独立してデータやプログラムを持ち、それを処理していました。

当時の業務用のコンピュータは非常に高価なもので、作業をする人が1人で1台を専有できるものではありませんでした。このため、作業者は交代でコンピュータを使用していました。初期のコンピュータはバッチ処理形式と呼ばれる、実行するプログラムやデータをまとめて処理する形式をとっていました。

02-2 TSSの登場

次に登場するのが**TSS（タイムシェアリングシステム）**です。これは、1台のコンピュータを複数人で共有して利用するシステムです。作業者は各々の手元にコンピュータにアクセスする専用の端末を用意し、コンピュータに接続します。そうして、コンピュータのリソース（資源）を1人で専有するのではなく、複数人で一度に利用することができるようになりました。

当時のコンピュータは非常に高価で、一般のオフィスに置かれるようなものではありませんでした。利用者は計算機センターなどと呼ばれるコンピュータを運用する業者の元に出向くか、遠隔から電話を用いて接続して利用していました。

TSS における、コンピュータと端末を結ぶ 1 対 1 の通信がネットワークの始まりです。これらは大体 1950 年代後半～ 1960 年代頃の話です。

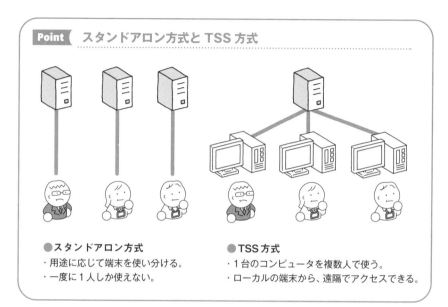

Point　スタンドアロン方式と TSS 方式

●スタンドアロン方式
・用途に応じて端末を使い分ける。
・一度に 1 人しか使えない。

●TSS 方式
・1 台のコンピュータを複数人で使う。
・ローカルの端末から、遠隔でアクセスできる。

 スタンドアロンという言葉は、今でもネットワークに繋いでいない機器を指す言葉として使われることがあります

02-3 インターネットの元祖、ARPANET

先ほど出てきた TSS 方式は、あくまでコンピュータ側が全ての処理を行い、端末側はその結果を表示するだけでした。つまり、コンピュータ同士の接続とは違います。

1960 年代後半～ 1970 年代に、コンピュータの性能は向上し、小型化が進んで、以前よりも値段が下がりました。結果、一般企業にもコンピュータが導入されるようになります。

また、コンピュータやそれを使うプログラムなどが発展するにつれコンピュータ同士を繋いで情報を共有し、動作させる必要が出てきます。例えば事務作業などでコンピュータを利用しようとすると、そのデータを企業内で共有する必要が出てきますよね。

そこで、コンピュータ同士をネットワークで接続し、データをやり取りできるようにする技術が各所で生み出されました。しかしこの時点では、研究機関やメーカーが独自の技術を用いていたため、異なるメーカーのコンピュータ間での通信はできませんでした。

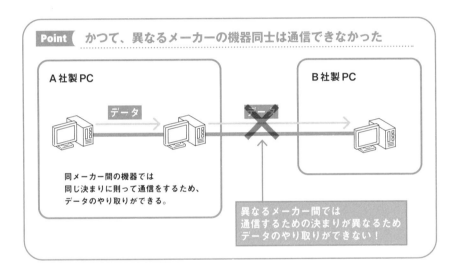

Point かつて、異なるメーカーの機器同士は通信できなかった

A社製PC

データ

同メーカー間の機器では
同じ決まりに則って通信をするため、
データのやり取りができる。

B社製PC

異なるメーカー間では
通信するための決まりが異なるため
データのやり取りができない！

そんな中、1969年頃、アメリカの4つの大学や研究所間を結ぶネットワークが作られました。これが **ARPANET**（アーパネット。Advanced Research Projects Agency NETwork）と呼ばれる、インターネットの元となったネットワークです。ARPANETはアメリカ国防総省高等研究計画局（DARPA。当時はARPA）が発足した学術目的のネットワークで、初めはカリフォルニア大学ロサンゼルス校、同大学サンタバーバラ校、ユタ大学、スタンフォード研究所の4カ所が接続されました。

ARPANETは世界初の**パケット交換方式**のネットワークでした。**パケット交換**とは、送信するデータをパケットという単位に細かく分けて送信し、受

信した端末がそれを元のデータに復元する方式です。それまで遠隔地のコンピュータを使うために用いられていたのは、回線交換方式と呼ばれる方法でした。

02-4 回線交換とパケット交換

　回線交換方式は、コンピュータ間で通信を行う際、まずコンピュータ間で通信経路を確保し、通信が終了するまではその経路を専有し続ける方式です。
　回線交換の場合は、1つの回線を複数のコンピュータが同時に使用することはできません。コンピュータの台数が少なければそれでも大きな問題にはなりませんが、台数が増えてくるとそうもいきません。なぜなら、1台のコンピュータで回線が専有されている間は通信を行いたい他のコンピュータは待つしかなく、専有中の通信がいつ終了するかもわからないからです。また、回線交換の場合はデータが流れていなくても通信を終了するまでは回線を専有し続けてしまう、といったデメリットもあります。
　回線交換については、電話をイメージするとわかりやすいかもしれません。通話中は他の通話はかけられない、1対1での通話が基本ですよね。
　このように、回線交換方式はデータを扱うにはいくつかのデメリットがあったため、1960年代に複数の通信を1つの回線で一度に行うことができるようにするための技術が提唱されました。これが**パケット交換方式**です。
　パケット交換ではコンピュータがデータを送信する際、データをパケットという細かい単位に分け、一つ一つのパケットに対して宛先のコンピュータや分割したデータに関する情報などを含んだ、ヘッダと呼ばれる情報をくっつけて送信します。
　回線を専有するのではなく、データを小さなパケット単位にして送信するため、必要な分だけ回線を利用できる、複数人で回線を共有することができるなど、回線交換方式と比べてメリットが多くなっています。

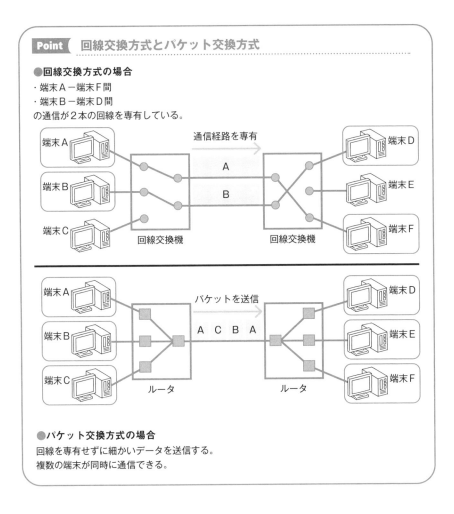

Point 回線交換方式とパケット交換方式

●回線交換方式の場合
・端末A－端末F間
・端末B－端末D間
の通信が2本の回線を専有している。

通信経路を専有

端末A　端末B　端末C　回線交換機　A　B　回線交換機　端末D　端末E　端末F

パケットを送信

端末A　端末B　端末C　ルータ　A C B A　ルータ　端末D　端末E　端末F

●パケット交換方式の場合
回線を専有せずに細かいデータを送信する。
複数の端末が同時に通信できる。

02-5 ARPANETからインターネットへ

　先ほど述べた通り、ARPANETは世界初のパケット交換方式のネットワークでした。それまでの回線交換方式と比べ、経路を専有することなく様々な経路でデータを送り届けることができるパケット交換は、ネットワークに冗長性を持たせ、より強固なネットワークを実現しました。

1

　また、ARPANET は信頼性の高い通信プロトコルの研究にも用いられました。当時のネットワークでは、メーカーごとに独自の技術が用いられており、異なるメーカーの機器間での通信は難しい状態でした。異なるネットワーク、異なる機器間でも正常に通信が行えるようにするための通信プロトコルとして登場したのが TCP/IP です。1974 年時点では、TCP という 1 つのプロトコルとして提唱されていました。

　その後、多数の実験やバージョンアップなどが行われ、1981 年に TCP/IP の仕様が決定されました。そして 1983 年には、ARPANET で使われるプロトコルがそれまで使われていた NCP というプロトコルから TCP/IP に切り替えられました。

　ARPANET は、当初は 4 カ所だけが接続されたネットワークでしたが、参加する大学や研究機関は徐々に増えていきました。そして、1980 年代後半には NSF（米国国立科学財団）が支援していた NSFNET という研究ネットワークに吸収されました。

　1990 年代に入り、商用のネットワーク接続サービスを提供する ISP（インターネットサービスプロバイダ）が登場します。

　1980 年代後半から 1990 年代にかけて、世界中の TCP/IP ネットワークが相互に接続するようになります。また、ISP の登場により企業や一般家庭の設備も同様にネットワークに接続するようになり、世界中と通信が行えるようになっていきました。

　これが、私たちが普段使っているインターネットの成り立ちです。

💡 マメ知識

インターネットという言葉

インターネット（The Internet）という言葉が使われ出したのもちょうどこの頃です。元々は TCP プロトコルの仕様を定めた RFC（Request for Comment）である RFC675 にて、internetwork の省略形として使われていました。当時の internet という言葉は TCP/IP ネットワークを全般的に示す言葉でしたが、1980 年代後半頃には NSFNET を指す言葉として使われるようになり、やがて世界中に広まったネットワーク全体を指す言葉になりました。

03 ネットワークプロトコルのきほん

ネットワーク上では TCP/IP をはじめ、多くのプロトコルを使って通信を行っています。プロトコルはネットワーク上でどんな役割を持っているのでしょうか。

03-1 プロトコルって何？

本来、**プロトコル**（protocol）という言葉は、仕様や規定、取り決めといった「ある事柄に関して手順や決まりなどを定めたもの」を指しています。そこから転じて、ネットワークの世界では「**コンピュータ同士が通信する際の手順や規格を定めたもの**」のことを指します。

Point プロトコルは約束事

・プロトコルは仕様や約束事のこと
・通信をする際は、あらかじめ決められた仕様に則ってデータを作り、送受信する

●会話をするには約束事が必要

例）IT について話す　（内容）
　　日本語で話す　　　（言語）
　　電話を使う　　　　（手段）

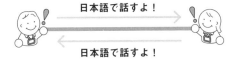

日本語で話すよ！

日本語で話すよ！

●通信するにも約束事が必要

例）HTTP　　　（データ形式）
　　IP　　　　（論理的手段）
　　ケーブル　（物理的手段）

IP で通信するよ！

IP で通信するよ！

例えば、皆さんがこの本を読んで内容を読み取れるのは、この本が日本語で書かれているからです。この本と皆さんの間には、「日本語で情報をやり取りする」という暗黙の取り決めがあるわけです。

コンピュータ同士の通信でも同じことがいえます。通信をする際は、通信の方法、物理的な媒体、送受信するデータの種類や形式など、あらかじめ決めておかなければならない項目が多数存在します。これをプロトコルという形であらかじめ決めておき、その取り決めに従って通信を行います。

03-2 プロトコルの階層構造とは？

ネットワーク上で行われる通信は多岐にわたり、やり取りされるデータの種類も無数に存在します。これらを 1 つのプロトコルで定義してしまうと、膨大な数の決まりごとを 1 つにまとめることになってしまいます。

そのため、ネットワークプロトコルは役割や目的に応じて多数用意されています。例えば、Web を見る際は HTTP、TCP、IP など複数のプロトコルを用いて通信をしています。

こういった複数のプロトコルをまとめて階層的に構成したものを**プロトコルスタック**、もしくは**プロトコルスイート**と呼びます。通信に必要な機能をいくつかの階層に分けて捉え、各階層の機能に対応するプロトコルを定義しています。

代表的なプロトコルスタックとして、**OSI 参照モデル**と **TCP/IP モデル**が存在します。

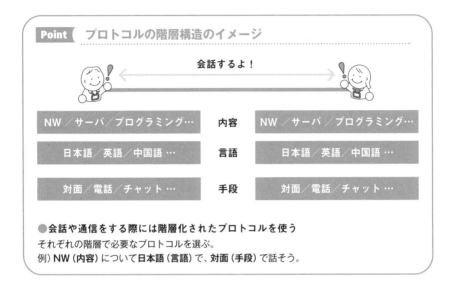

Point プロトコルの階層構造のイメージ

会話するよ！

NW ／ サーバ ／ プログラミング…	内容	NW ／ サーバ ／ プログラミング…
日本語 ／ 英語 ／ 中国語 …	言語	日本語 ／ 英語 ／ 中国語 …
対面 ／ 電話 ／ チャット …	手段	対面 ／ 電話 ／ チャット …

●会話や通信をする際には階層化されたプロトコルを使う
それぞれの階層で必要なプロトコルを選ぶ。
例）NW（内容）について日本語（言語）で、対面（手段）で話そう。

03-3 OSI 参照モデルと TCP/IP モデルとは？

　OSI 参照モデルは、通信の役割を 7 つの階層に分けて定義したものです。
国際標準化機構（ISO：International Organization for Standardization）
により、1977 年から 1984 年にかけて制定されました。

　1970 年代頃は、ネットワーク機器やコンピュータを作るベンダーが独自
にネットワークアーキテクチャの仕様を定めており、異なるベンダーの機器
間では通信ができませんでした。単一のベンダーのみでネットワークを構築
する場合はよいのですが、複数のネットワークを接続していこうとする中で、
この制約は邪魔になります。そこで、特定のベンダーや機器に依存しない、
標準化されたプロトコルスタックが必要になりました。

　OSI 参照モデルは国際標準のモデルとして作られました。しかし、実際に
ネットワーク機器やコンピュータの標準仕様として広まったのは、OSI 参照
モデルよりも少し前に DARPA によって作られた **TCP/IP モデル**です。各ベ
ンダーでは TCP/IP モデルに準拠した製品が作られるようになり、OSI 参照

モデルに準拠した製品は普及しませんでした。

　しかし、ネットワークについて学習する際には非常に有用であり、トラブルシューティングの際などは OSI 参照モデルに準拠したうえで会話がなされることも多くあります。そのため、OSI 参照モデルはネットワークに触れるうえで理解しておくべきもの、ということになっています。

03-4 OSI 参照モデルの7階層

　OSI 参照モデルでは、通信に必要な機能を次の 7 つの階層に分けて定義しています。5 〜 7 層を上位層、1 〜 4 層を下位層と呼びます。

Point OSI 参照モデル

	レイヤ	階層	役割
上位層	第7層	アプリケーション層	各アプリケーションがどのように通信するのかを具体的に規定 HTTP,SMTP,SSH など、アプリケーションの通信機能をプロトコルとして定義している
	第6層	プレゼンテーション層	暗号化や圧縮、文字コードやファイル形式などのデータ形式を規定 異なるアプリケーション、端末間でもデータが正しく扱えるよう標準的な形式に変換している
	第5層	セッション層	アプリケーション間の通信の開始、維持、終了などを規定 各アプリケーションの通信が混ざらないよう、それぞれの論理的な経路を制御している
下位層	第4層	トランスポート層	ノード間の通信の信頼性に関する機能を規定 上位層にデータを渡すためのポート番号の規定や、信頼性を確立するための仕組みを定義している
	第3層	ネットワーク層	複数のネットワーク間でエンドツーエンドの通信を実現する機能を規定 送信元から最終的な宛先へ通信を届けるために必要な、アドレス体系やルーティングなどを定義している
	第2層	データリンク層	直接接続されたノード間での通信を実現する機能を規定 物理的に接続された機器間で通信を成立させるためのアドレス定義やエラーチェックなどを行う
	第1層	物理層	通信データの電気信号や光への変換など物理的な手段を規定 データリンク層から受け取ったデータを電気信号に変換してネットワーク上に送信している

アプリケーション層

　アプリケーション層は、私たちユーザーが利用するアプリケーションの通

信に関して規定しています。

　ブラウザには Web 用のプロトコル（HTTP など）、サーバやネットワーク機器へのアクセスには遠隔ログイン用のプロトコル（SSH など）というように、アプリケーションなどの通信機能について定めたプロトコルが用意されています。

プレゼンテーション層

　文字コードやデータの暗号化／復号、圧縮方式などのデータ形式について規定しています。

　アプリケーションが送信するデータを共通の形式に変換したり、圧縮したりしたうえでデータをセッション層に受け渡すなどの役割を持っています。

セッション層

　アプリケーション間で通信する際、送信側と受信側のアプリケーションで行われる一連の通信のことをセッションといいます。セッション層では、セッションの開始、維持、終了などに関して規定しています。

トランスポート層

　ノード（端末）間の通信において、信頼性の提供やポート番号の割り当てなどを規定しています。送信したデータは、様々な機器を経由して宛先まで運ばれます。全てのデータを正しく届けるため、コネクションの確立、エラー制御などを行って通信の信頼性を提供しています。

ネットワーク層

　複数のネットワークを介して送信元の端末から最終的な宛先の端末へ通信を届ける役割を持ちます。ネットワーク上での住所にあたるアドレスを定義し、通信を行う際は宛先までの経路選択を行います。

データリンク層

　物理的に直接繋がっているノード間の通信を規定しています。１つのネットワーク内での通信を行うために必要なアドレスの定義や、通信のエラーチェックなどの役割を持ちます。

物理層

　データリンク層から受け取ったデータを電気信号や光などの信号に変換し、LAN ケーブルや光ファイバなどの媒体を通じて送り出す役割、そして受け取った信号をデータに変換しデータリンク層へ受け渡す役割を持っています。ケーブルやコネクタなどの通信の際に必要になる物理的な要素を定義しています。

> このように OSI 参照モデルでは、通信を行うために必要な機能を層ごとに分けて、プロトコルとして定義しています

03-5　TCP/IP モデルの 4 階層

　TCP/IP モデルは OSI 参照モデルと異なり、通信に必要な機能を次の 4 つの階層に分けて定義しています。

　各層の役割は、OSI 参照モデルと大きくは変わらないものになっています。

Point　TCP/IP モデル

レイヤ	階層	役割
第 4 層	アプリケーション層	各アプリケーションがどのように通信するのかを具体的に規定 OSI 参照モデルの上位層とほぼ同等の機能を提供
第 3 層	トランスポート層	ノード間の通信の信頼性に関する機能を規定 OSI 参照モデルのトランスポート層とほぼ同等の機能を提供
第 2 層	インターネット層	複数のネットワーク間でエンドツーエンドの通信を実現する機能を規定 OSI 参照モデルのネットワーク層とほぼ同等の機能を提供
第 1 層	リンク層 （ネットワークインターフェース層）	直接接続されたノード間での通信を実現する機能および通信データの電気信号や光への変換など物理的な手段を規定 OSI 参照モデルのデータリンク層と物理層の役割を併せ持つ階層

03-6 OSI 参照モデルと TCP/IP モデルの対応

次に、OSI 参照モデルと TCP/IP モデルの対応について見ていきましょう。

TCP/IP モデルは OSI 参照モデルに比べ、実用性を重視した作りになっています。現在使われている多くの製品が TCP/IP モデルに準拠しており、またほとんどのプロトコルが TCP/IP に準拠したものとなっています。

また、OSI 参照モデルと TCP/IP モデルは、特に連動して作られたものではありません。このため、厳密に各層が対応しているわけではありませんが、大まかに対応付けると次のようになります。

Point	OSI 参照モデルと TCP/IP モデル

OSI 参照モデル

レイヤ	階層
第7層	アプリケーション層
第6層	プレゼンテーション層
第5層	セッション層
第4層	トランスポート層
第3層	ネットワーク層
第2層	データリンク層
第1層	物理層

TCP/IP モデル

レイヤ	階層
第4層	アプリケーション層
第3層	トランスポート層
第2層	インターネット層
第1層	リンク層 (ネットワーク インターフェース層)

本書でプロトコルについて述べる場合は、基本的に OSI 参照モデルに則って紹介します。上位層については、TCP/IP モデルのようにアプリケーション層に統一して紹介します。現在よく使われている上位層のプロトコルは TCP/IP のアプリケーション層に準拠しており、OSI 参照モデルの上位層の機能をカバーしているからです。

プロトコルとデータの流れ

現代で用いられる多くのプロトコルは TCP/IP に則って定義されています。では、実際のデータはプロトコル間をどのように流れていくのでしょうか。

04-1　データ送信－受信の流れ

　一般的なコンピュータやネットワーク機器は、**03-02** で紹介した TCP/IP というプロトコルスタックに対応しています。では、TCP/IP に則ってデータを送受信する際はどのように行っているのでしょうか。

　プロトコルスタックの階層構造について説明してきましたが、データを送信する際はこの階層を上から順に処理していくことになります。例えば、PC が何かしらのメールクライアントを使ってメールを作成し、どこかに送信する場合は、アプリケーション層に属するメールクライアントのプログラムがデータを作成します。その際、作られるデータはアプリケーション層のプロトコルに準じたものになります。

　続いて、アプリケーション層で作られたデータはトランスポート層に渡され、そこでポート番号などの必要な情報を付与されます。次にインターネット層、リンク層とそれぞれのレイヤで IP アドレスや MAC アドレスなどの情報を付与されます。そして出来上がったデータは電気信号に変換され、ネットワーク上に送り出されます。

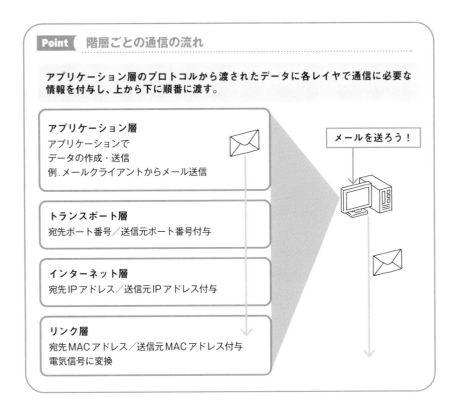

Point 階層ごとの通信の流れ

アプリケーション層のプロトコルから渡されたデータに各レイヤで通信に必要な
情報を付与し、上から下に順番に渡す。

アプリケーション層
アプリケーションで
データの作成・送信
例.メールクライアントからメール送信

メールを送ろう！

トランスポート層
宛先ポート番号／送信元ポート番号付与

インターネット層
宛先IPアドレス／送信元IPアドレス付与

リンク層
宛先MACアドレス／送信元MACアドレス付与
電気信号に変換

04-2 カプセル化と非カプセル化

　このように、データをプロトコルスタックの階層の上から下に向けて渡し
ていき、階層ごとに必要なデータを付与していくことを**カプセル化**と呼び
ます。
　カプセル化の際、各レイヤで付与されるデータを**ヘッダ**、上の階層から渡
された状態のデータを**ペイロード**、ペイロードに階層ごとのヘッダを付与し
た状態を **PDU**（Protocol Data Unit）といいます。

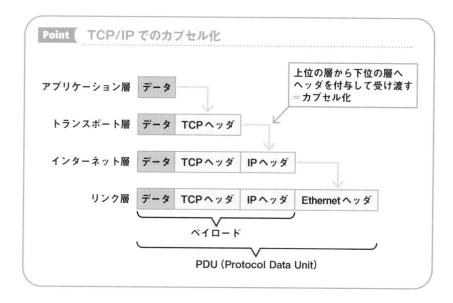

Point TCP/IP でのカプセル化

アプリケーション層 　データ

上位の層から下位の層へ
ヘッダを付与して受け渡す
＝カプセル化

トランスポート層 　データ　TCPヘッダ

インターネット層 　データ　TCPヘッダ　IPヘッダ

リンク層 　データ　TCPヘッダ　IPヘッダ　Ethernetヘッダ

ペイロード

PDU (Protocol Data Unit)

　さて、データを受信した側ではカプセル化の逆の作業を行います。それぞ
れのレイヤで必要になる情報がヘッダとして付与されているので、付与され
た情報を確認し、ヘッダを取り外します。確認できた内容に従って、1つ上
の階層のプロトコルにデータを渡していき、最終的にアプリケーション層の
プロトコルに届けます。これを**非カプセル化**といいます。

　このカプセル化と非カプセル化を、ネットワーク上の TCP/IP に準拠した
ネットワーク機器やサーバ、PC などの端末が行っています。

　カプセル化と非カプセル化は、あくまで機器の OS やアプリケーションが
階層に応じたプロトコルを選択して行っているため、私たちユーザーが普段
から意識する必要はありません。しかし、ネットワーク機器などに細かい設
定を施したりネットワークを構築したりする際は、どんなプロトコルのデー
タがネットワーク上を流れているのかを把握したうえで、様々な設定を施し
ていく必要があります。アプリケーションなどを使うだけでは表面上に現れ
てこないプロトコルについて、学習する必要が出てくるわけです。

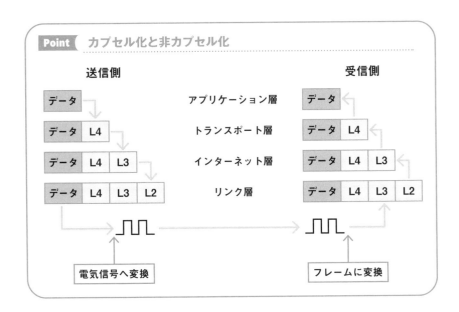

Point カプセル化と非カプセル化

送信側 | | 受信側

データ → アプリケーション層 データ

データ L4 → トランスポート層 データ L4

データ L4 L3 → インターネット層 データ L4 L3

データ L4 L3 L2 → リンク層 データ L4 L3 L2

電気信号へ変換 フレームに変換

プロトコルごとに必要な情報を加えているんですね

プロトコルやレイヤによって
加える情報の内容は異なります

よく扱うプロトコルについては、どんな情報
を扱っているのか把握しておきましょう

05 ネットワークを支える機器

ルータやスイッチなど、ネットワーク上には多くの機器が存在しています。代表的なネットワーク機器について、その役割を把握しておきましょう。

05-1 様々なネットワーク機器とその役割

　ネットワーク上ではルータ、スイッチ、ファイアウォールなどの様々な機器が動作しています。ネットワークに関係した仕事の多くがネットワーク機器の構築、運用など何かしらの形で機器に関わるものです。

　実際の機器の一つ一つの仕様や設定方法を把握するには、各メーカーのマニュアルを参照してください。ここではよく使われる機器について、その役割を紹介していきます。

リピーター、リピーターハブ

　リピーターは OSI 参照モデルの物理層で動作する機器で、ネットワークの伝送距離を伸ばす役割を果たします。LAN ケーブル上を流れる電気信号には伝送距離の限界があり、距離が長くなると徐々に減衰してしまいます。リピーターは、流れてきた電気信号を増幅、波形の修復を行って送り出すことで、伝送距離を伸ばすことができます。

　リピーターハブは複数のポートを持ったリピーターです。1 つのポートで受け取った電気信号を増幅し、他の全てのポートに転送します。

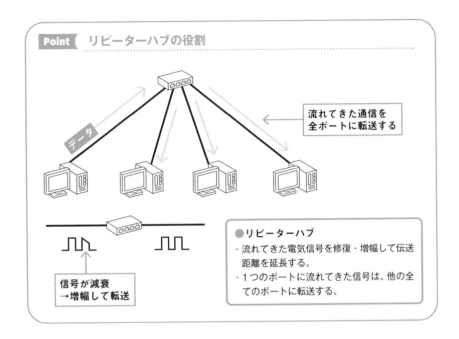

流れてきた通信を
全ポートに転送する

データ

信号が減衰
→増幅して転送

●リピーターハブ
・流れてきた電気信号を修復・増幅して伝送
　距離を延長する。
・1つのポートに流れてきた信号は、他の全
　てのポートに転送する。

L2 スイッチ、ブリッジ

　L2（レイヤ 2）スイッチおよび**ブリッジ**は、OSI 参照モデルのデータリン
ク層の機能を持つ機器です。流れてきた電気信号をデータリンク層のフレー
ムに変換し、フレームのヘッダに含まれる MAC アドレスの情報から宛先を
判断して転送します。また、受け取ったフレームに含まれる送信元 MAC ア
ドレスから MAC アドレステーブルを作成し、宛先の情報を管理しています。

　L2 スイッチは一般的に多数のポートを備えており、多くの端末を接続する
ことができるようになっています。

　ブリッジも L2 スイッチと同様の機能を備えていますがポートの数が少な
く、L2 スイッチに置き換えられているため、使う機会は少なくなっています。

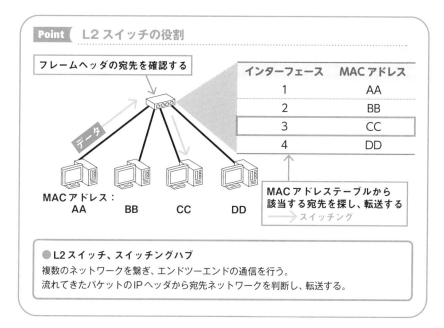

Point L2 スイッチの役割

フレームヘッダの宛先を確認する

インターフェース	MAC アドレス
1	AA
2	BB
3	CC
4	DD

データ

MAC アドレス：
AA   BB   CC   DD

MAC アドレステーブルから
該当する宛先を探し、転送する
→ スイッチング

● **L2 スイッチ、スイッチングハブ**
複数のネットワークを繋ぎ、エンドツーエンドの通信を行う。
流れてきたパケットのIPヘッダから宛先ネットワークを判断し、転送する。

ルータ

　ルータは OSI 参照モデルのネットワーク層の機能を持つ機器です。複数の異なるネットワーク同士を接続して、異なるネットワーク内の端末同士で通信ができるようにします。

　流れてきたパケットのヘッダを確認し、宛先 IP アドレスを自身のルーティングテーブル上で検索し、適切な宛先に向けて転送します。IP アドレスを元にパケットを転送することをルーティングといいます。それ以外にも暗号化やフィルタリング、NAT など様々な機能を持たされていることが多く、ISPと接続する際に必要な機能を持っているため WAN と LAN を接続する際に使われます。

L3 スイッチ

　ルータと同じく、**L3 スイッチ**は OSI 参照モデルのネットワーク層の機能を持つ機器です。ルータと同様に、ルーティングの機能などを有しています。ルータと異なる点としては、L2 スイッチと同様にインターフェースの数が多い、

WAN 向けの機能を有していない点などが挙げられます。

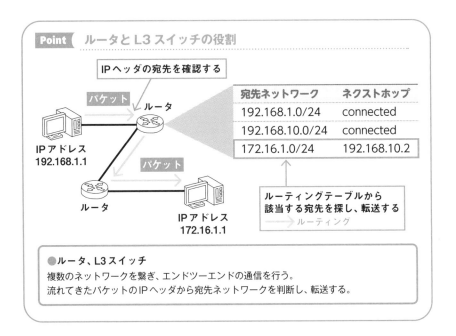

ファイアウォール

　ファイアウォールはネットワークの境界に設置し、ネットワークに外部か
ら侵入してくる通信を防いだり、内部から外部への許可されていない通信を
防いだりするためのセキュリティ機器です。流れてくるパケットの送信元・
宛先 IP アドレスやポート番号を見て通信を許可・拒否します。外部からの通
信を拒否するだけでなく、内部から出ていった通信に対しての戻りの通信を
動的に許可するような機能も持っています。この機能をステートフルインス
ペクションといいます。

Point ファイアウォールの役割

パケット

×

ファイアウォール

IPアドレスやポート番号を確認して
通信を許可したりブロックしたりする

● **ファイアウォール**
流れてきたパケットの送信元IPアドレス／宛先IPアドレスや送信元ポート番号／宛先
ポート番号を確認し、設定に沿って許可、拒否などを行う。

ここで紹介した内容以外にも、多くの機器が
ネットワーク上には存在しています

よく触れる機器については、その役割
をきちんと把握しておくようにします！

06 パケットキャプチャをしてみよう

ネットワークプロトコルを学ぶには、そのプロトコルで扱われるパケットを見てみるのが一番です。パケットキャプチャの概要を見てみましょう。

06-1 パケットキャプチャって何？

パケットキャプチャとは、その名の通り「パケット」を「キャプチャ」することです。パケットにはいくつかの意味がありますが、ここでは主にネットワーク上を流れるデータのことを指します。キャプチャには捕まえる、獲得するといった意味がありますが、ここでは文字通りデータを捕まえることだと思ってください。

パケットキャプチャとは、様々なプロトコルがネットワーク上に流すデー

タ、つまりパケットを捕まえてその内容を解析すること、という意味です。ネットワークプロトコルが送信するパケットはプロトコルごとにフォーマットが定義されています。その中身を見ることで、各プロトコルがどんなデータを送信しているのか、どんな役割を果たしているのかを知ることができます。

06-2 パケットキャプチャの用途

パケットキャプチャには大きく2つの用途があります。1つは構築後の試験、もう1つはトラブルシューティングです。

多数のプロトコルが動作する環境を構築した後は、一般的に各種の試験が行われます。そこでは想定通り通信が行われるか、機器の管理やセキュリティなどの様々な設定が正しく動作するかなどを確認します。正しく動作している場合は、その際のパケットをキャプチャしてエビデンスとして取得する場合があります。想定通り動作しなかった場合は、様々な手段で動作状況を一つ一つ確認していくことになります。こういった試験段階で、パケットキャプチャが用いられます。

もう1つ、ネットワークにトラブルが発生した際は、その解決手段の1つとしてパケットキャプチャが用いられます。ネットワーク上のどこでトラブルが発生しているか、どんな内容のトラブルかなどを解析するためにパケットキャプチャを行います。もちろん、トラブルの内容によって必要性は変わるため、必ずパケットキャプチャを用いるとは限りません。

本書では、あくまで学習用にプロトコルのパケットを見ていきます。

06-3 代表的なパケットキャプチャツール

パケットキャプチャを行うには専用のツールが必要です。ここでは、よく用いられるパケットキャプチャツールを2つ紹介します。

Wireshark

Wireshark は、PCの指定したインターフェースを通過するパケットをキャ

プチャして解析するパケットキャプチャソフトです。OSS（Open Source Software）として公開されており、Windows や macOS など様々なプラットフォームで利用することができます。単純にキャプチャしたパケットを見るだけでなく様々な分析を行うこともできる、多機能なツールです。

　本書では、Wireshark を使用してパケットキャプチャを行っていきます。

● Wireshark のパケットキャプチャ画面

tcpdump

　tcpdump は、UNIX や Linux などの CLI（Command Line Interface）で利用できる、OSS のパケットキャプチャツールです。多くの Linux ディストリビューションにデフォルトでインストールされています。UNIX や Linux などで指定したインターフェースを監視し、インターフェース上を流れるパケットをキャプチャし、CLI 上に表示することができます。

　Wireshark と異なり、GUI（Graphical User Interface）は提供されていません。キャプチャした内容を解析する機能などは持っておらず、キャプチャした内容をそのまま CLI 上に表示するため、内容の解析は自身で行う必要があります。

06-4 パケットキャプチャツールの使用箇所

　上記の 2 つのツールは、そのツールがインストールされている端末のインターフェースを監視するパケットキャプチャツールです。そのため、自身の NIC に流れてきたパケットのみをキャプチャすることができ、それ以外のネットワーク上を流れるパケットをキャプチャすることはできません。

　別の端末がやり取りしているパケットをキャプチャしたい場合は、リピーターハブを使う、L2 スイッチや L3 スイッチのミラーリング機能を使うなどの方法があります。

> 目に見えないパケットも、キャプチャすれば中身を確認することができるんですね！

> パケットの中には IP アドレスやポート番号など、各レイヤで付与される情報がたくさん含まれています

> プロトコルごとに付与される情報を知ることで、プロトコルの動作をより深く知ることができますよ

06-5 Wireshark のインストール

　Wireshark をインストールして、パケットキャプチャしてみましょう。次の URL からインストーラをダウンロードします。

https://www.wireshark.org/download.html

● Wireshark のダウンロード

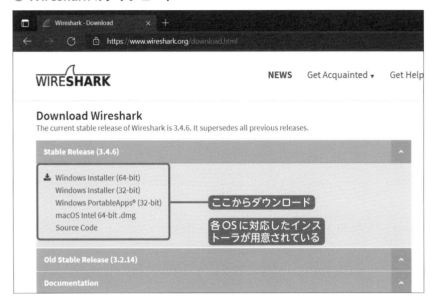

インストーラをダウンロードしたら、ダブルクリックで起動します。
　インストールウィザードが起動するので、内容を確認してインストールを
進めてください。途中で Npcap などのいくつかの追加インストールを求め
られることがあります。それらは基本的には Wireshark の動作に必要なソフ
トなので、デフォルトの設定のまま、インストールを進めてください。

06-6　Wireshark でキャプチャしてみよう

　Wireshark のインストールができたら、Wireshark を起動して実際にパ
ケットを見てみましょう。
　Wireshark を起動すると、スタートアップ画面が表示されます。画面中央
にはインターフェースの名前が並んでいます。この中から、キャプチャした
いインターフェースをダブルクリックすると、選択したインターフェースで
キャプチャが開始されます。
　有線で接続している場合は「イーサネット」などのインターフェースが、

無線で接続している場合は「Wi-Fi」などのインターフェースが表示されていることが多いです。通信を行っているインターフェースは名前の右側にあるグラフが動作しているので、それを参考に確認したい、パケットキャプチャするインターフェースに当たりをつけてください。

●インターフェースを指定する

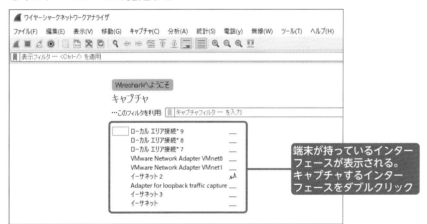

インターフェースを選択すると画面が切り替わり、パケットが表示されます。特に何もしなくても画面上にたくさんのパケットが表示され、どんどん流れていくと思います。Windows に限った話ではありませんが、私たちがネットワーク上に意図的に通信を流す、例えば Web サイトにアクセスするなどをしなくても裏側では様々なやり取りが行われているため、常に何かしらのパケットが流れています。

06-7 Wireshark の基本の画面構成

では、改めてパケットをキャプチャしている状態でブラウザを開き、どこかの Web ページにアクセスしてみましょう。ある程度パケットが流れたら、一旦キャプチャを止めて中身を見てみましょう。キャプチャを止めるには、左上の赤いボタンをクリックします。

画面の上半分を見てみましょう。ここに表示されている1行1行がキャプチャしたパケットです。どれか1行をクリックすると、そのパケットの内容が画面の下半分に表示されます。他のパケットの内容が見たければ、上部の一覧から対象のパケットを探してクリックします。

● WireShart のパケットキャプチャ時の画面

　このようにしてパケットをキャプチャし、内容を確認、解析していく作業がパケットキャプチャです。

06-8 Wiresharkのメインツールバー、メニューバー

それでは、もう少し詳しくWiresharkの画面を見ていきましょう。
まずはメインツールバーの左上を見てみましょう。

メインツールバー

　画面上、メニューバー（「ファイル」、「編集」、「表示」といった項目が並んでいる部分）の下にアイコンが並んでいます。この部分がメインツールバーです。キャプチャを操作するためのアイコンが並んでいます。

メインツールバーのアイコンは、次のような機能を持っています。

●メインツールバーのアイコン

キャプチャ開始
クリックするとキャプチャを開始する

キャプチャ停止
クリックすると実行中のキャプチャを停止する

キャプチャリスタート
実行中のキャプチャを一旦終了し、もう一度開始する

キャプチャファイルの保存・開閉などを行う

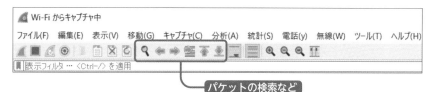

パケットの検索など

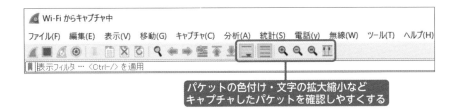

パケットの色付け・文字の拡大縮小など
キャプチャしたパケットを確認しやすくする

メニューバー

　次に、一番上のメニューバーを見てみましょう。メニューバーのアイコンは、次のような機能を持っています。

●メニューバーの項目

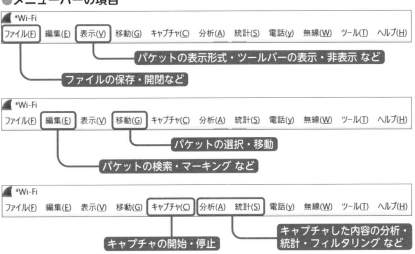

パケットの表示形式・ツールバーの表示・非表示 など

ファイルの保存・開閉など

パケットの選択・移動

パケットの検索・マーキング など

キャプチャした内容の分析・統計・フィルタリング など

キャプチャの開始・停止

06-9 表示フィルタを使おう

　キャプチャを開始すると、多数のパケットがキャプチャされ、画面に表示されます。その中から必要なパケットだけを探し出すのは、少々骨が折れる作業です。このため、**表示フィルタ**を使って必要なパケットを抽出して確認できるようにしてみます。

まずは下準備としてキャプチャを用意しましょう。**06-6** と同じように、Wireshark を起動してインターフェースを指定します。起動したら、ブラウザでどこかの Web サイトにアクセスしてみましょう。ある程度キャプチャできたら、一旦キャプチャを停止しておきましょう。

さて、多くのパケットの中から特定のパケットを抽出するには、表示フィルタを使います。Wireshark には「キャプチャフィルタ」というフィルタもありますが、こちらはキャプチャする段階でパケットをフィルタリングするものです。一方、表示フィルタはキャプチャしたパケットの中から表示するパケットをフィルタリングするものです。

今回行いたいのは、指定したプロトコルのパケットを確認することです。確認したいパケットをキャプチャフィルタで誤って弾いてはいけません。したがって先に説明した機能が異なる 2 つのフィルタリングのうち、表示フィルタで画面に表示されるパケットをフィルタリングしましょう。

表示フィルタはパケットが表示されている部分の上、ツールバーのすぐ下にあります。

●**表示フィルタバー**

表示フィルタバー
フィルタ条件を入力する

> **Point** 表示フィルタの基本的な構文
>
> **[プロトコル名 (. オプション)] [演算子] [値]**
>
> ・プロトコル名：ip や tcp などが入り、それぞれのプロトコルに応じたオプションが使用可能
>
> ・演算子：eq(==) や gt(>) などが入り、値にはそのプロトコル名とオプションに応じた値を入れる

06-10 実際に表示フィルタをかけてみよう

　試しに表示フィルタバーに次のように入力して、表示フィルタをかけてみましょう。

```
tcp.port == 443
```

●表示フィルタの例

tcp.port == 443
TCPポート番号443を指定

表示フィルタの条件に合致する
パケットのみ表示されている

　「tcp.port == 443」は TCP のポート番号 443 番を指定するフィルタです。キャプチャしたパケットの中から、ポート番号として 443 を使っているパケットだけを抽出して表示しています。

　この中で、「Protocol」の欄に TLSv1.2、「Info」の欄に Application Data と表示されているのが、キャプチャ中にブラウザで Web サイトにアクセスした際のパケットになります。最近の Web の通信はほとんどが HTTPS というプロトコルを用いており、パケットが暗号化されているため、中身の詳細は確認できません。HTTPS のパケットの内容については、後ほど説明します。

●キャプチャした HTTPS の内容

```
> Frame 130: 766 bytes on wire (6128 bits), 766 bytes captured (6128 bits) on interface \Device\NPF_{D7E2AD68-B19E-496D-BE92-8A52690A2A03}, id 0
> Ethernet II, Src: ASUSTekC_7b:55:c9 (38:d5:47:7b:55:c9), Dst: zte_23:78:8e (80:b0:7b:23:78:8e)
> Internet Protocol Version 4, Src: 192.168.1.18, Dst: 114.31.94.139
> Transmission Control Protocol, Src Port: 55501, Dst Port: 443, Seq: 644, Ack: 5661, Len: 712
> Transport Layer Security
  ˅ TLSv1.2 Record Layer: Application Data Protocol: http-over-tls
      Content Type: Application Data (23)
      Version: TLS 1.2 (0x0303)
      Length: 707
      Encrypted Application Data: 000000000000001234d8f4a95875c23f6948dc8078bb805fda38b58cca18e4d6bef1e07…
      [Application Data Protocol: http-over-tls]
```

> パケットのアプリケーション
> 層の内容が暗号化されている

　表示フィルタでよく用いるものを次の表にまとめています。実際にキャプチャしたものにこれらのフィルタを適用して、動作を確認してみてください。

> Wireshark のフィルタはかなり細かく設定できますが、まずは簡単なところから試しましょう

> この本で出てきたプロトコルは、実際にキャプチャして中身を見てみます！

●よく使用する表示フィルタ①：プロトコル名とオプション

項目	表記	例
IP アドレス （送信元、宛先問わず）	ip.addr	ip.addr == 192.168.1.1
送信元 IP アドレス	ip.src	ip.src == 192.168.1.1
宛先 IP アドレス	ip.dst	ip.dst == 192.168.1.1
MAC アドレス （送信元、宛先問わず）	eth.addr	eth.addr == 00:00:5e:00:53:00
送信元 MAC アドレス	eth.src	eth.src == 00:00:5e:00:53:00
宛先 MAC アドレス	eth.dst	eth.dst == 00:00:5e:00:53:00
TCP ポート番号 （送信元、宛先問わず）	tcp.port	tcp.port == 443
TCP セグメント	tcp	tcp.seq == 1（TCP シーケンス番号を指定） tcp.flags == 0x002 （TCP フラグ）
プロトコル	プロトコル名	http icmp

●よく使用する表示フィルタ②：演算子

意味	表記 (記号、英語)	例
等しい	== eq	`ip.addr == 192.168.1.1` (IP アドレスが 192.168.1.1 である)
異なる	!= ne	`ip.src != 192.168.1.1` (IP アドレスが 192.168.1.1 ではない)
より大きい	> gt	`tcp.port > 1023` (TCP ポート番号が 1023 より大きい)
より小さい	< lt	`tcp.port < 1023` (TCP ポート番号が 1023 より小さい)
以上	>= ge	`tcp.port >= 1023` (TCP ポート番号が 1023 以上)
以下	<= le	`tcp.port <= 1023` (TCP ポート番号が 1023 以下)
かつ	&& and	`ip.addr == 192.168.1.1 && tcp.port == 443` (IP アドレスが 192.168.1.1 かつ TCP ポート番号が 443)
または	|| or	`ip.addr == 192.168.1.1 || ip.addr == 192.168.1.10` (IP アドレスが 192.168.1.1 または 192.168.1.10)

06-11 パケットキャプチャファイルの使い方

　Wireshark では、キャプチャしたパケットを保存し、別の環境でそのファイルを開いてキャプチャしたパケットを確認することができます。本書では各章に登場するプロトコルについて、読者の皆さんが手元で確認できるよう、キャプチャしたファイルを付属データとして翔泳社のサイトでダウンロード提供しています。付属データのダウンロード方法については、第 1 章の直前にある「付属データのご案内」をご覧ください。

　ここでは、付属データに同梱しているキャプチャファイルの開き方を確認しておきましょう。

　Wireshark のキャプチャファイルを開くには、主に 2 つの方法があります。

どちらのやり方でも開いたキャプチャファイルの内容に変わりはありません
ので、各自の環境にあった方法でキャプチャファイルを開き、内容を確認し
てみてください。

●キャプチャファイルの開き方①：ダブルクリックして開く

Wiresharkをインストール済みのPCであればキャプチャファイル (.pcapng) をダ
ブルクリックすることでファイルを開くことができる。

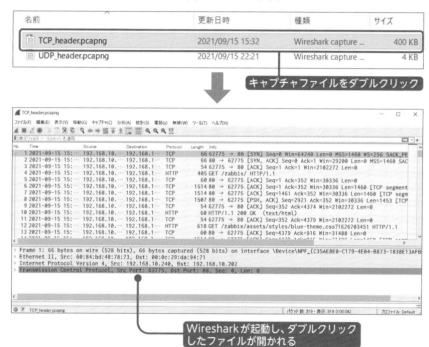

●キャプチャファイルの開き方②：メニューから開く

Wireshark を起動し、メニューから「ファイル」>「開く」をクリックする。
開きたいキャプチャファイルを選択することでファイルを開くことができる。

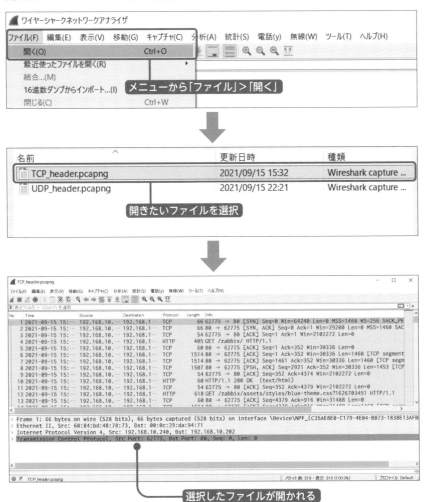

練 習 問 題

問題 1

データ送信の方式で、送信するデータをパケットという単位に細かく分けて送信し、受信した端末がそれを元のデータに復元するものをなんといいますか？

① 回線交換方式

② パケット交換方式

③ クライアントサーバ方式

④ OSI 参照モデル

問題 2

ネットワーク層以上の機能を行わず、フレームのヘッダから宛先の情報を取得し、通信を転送する機器はどれですか？

① L2 スイッチ

② L3 スイッチ

③ ルータ

④ リピーターハブ

問題 3

Wireshark の表示フィルタでキャプチャしたパケットをフィルタリングする際、特定の送信元 IP アドレスでフィルタリングする表示フィルタはどれですか？

① ip.dst　　② tcp.port　　③ eth.src　　④ ip.src

解 答

問題 1 解答

正解は、②のパケット交換方式。

1 つの通信が回線を専有してしまう回線交換方式に対して、送信するデータを複数のパケットに分割して回線に流すことで回線を専有せずにデータを送信することができる通信方式です。

問題 2 解答

正解は、①の L2 スイッチ。

L2 スイッチは流れてきたフレームのヘッダの宛先 MAC アドレスを確認し、適したポートからフレームを転送します。

問題 3 解答

正解は、④の ip.src。

Wireshark では、キャプチャしたパケットを表示フィルタでフィルタリングすることができます。

第2章 現代の通信に必須の プロトコルのきほん

07 Ethernetのきほん

**Ethernet は、現在最も主流なデータリンク層のプロトコルです。
Ethernet の役割やフレームの中身などを見ていきましょう。**

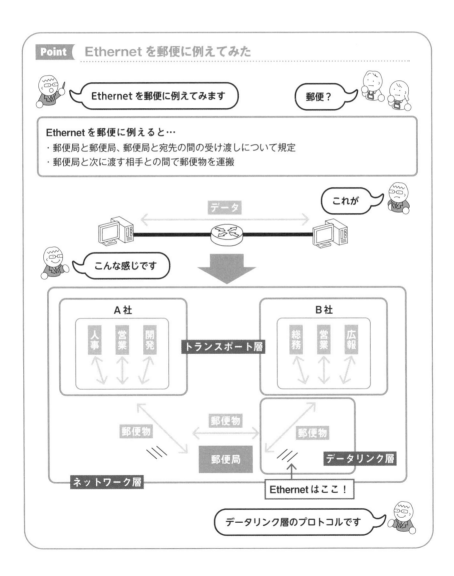

07-1 データリンク層のプロトコルとは？

　データリンク層では、直接ケーブルで接続された端末間での通信や、1つのネットワーク内での通信について取り決めをしています。簡単にいうと、端末と端末をケーブルで繋ぎ、その間でデータをやり取りするための方法を定めています。その中でも特に LAN（Local Area Network）においては、**Ethernet** が主流のプロトコルになっています。

　Ethernet はデータリンク層での取り決めだけでなく、物理層で用いられるケーブルや信号などの物理的な規格についても定義しています。例えば物理的な規格であれば、1000BASE-T（ギガビットイーサネット）や 10GBASE-T（10 ギガビットイーサネット）など、数多くの規格を定義しています。

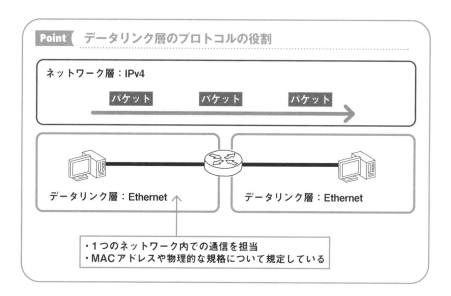

Point　データリンク層のプロトコルの役割

ネットワーク層：IPv4

パケット　　パケット　　パケット

データリンク層：Ethernet　　　　データリンク層：Ethernet

・1つのネットワーク内での通信を担当
・MAC アドレスや物理的な規格について規定している

07-2 Ethernet の歴史を振り返ってみよう

　Ethernet は、1970 年頃に構築された ALOHAnet（ALOHA システム）と

呼ばれる、ハワイ諸島のいくつかの島に分散したハワイ大学のキャンパスを結ぶネットワークを基に作られたといわれています。

1970 年代半ばに DEC 社、Intel 社、Xerox 社によって最初の規格である DIX 仕様が制定され、1980 年頃に IEEE802 委員会に「Ethernet1.0 規格」として提出されました。その後、1982 年に「Ethernet2.0 規格」が提出され、さらにそれを基に 1983 年に IEEE802.3 として策定されました。

現在実際に使用されている Ethernet は 1982 年に提出された Ethernet2.0 規格がほとんどで、**Ethernet II** と呼ばれています。1983 年に策定された IEEE802.3 は Ethernet II を基に改良された規格ですが、802.3 が普及する前に Ethernet II が定着してしまったため、現在のネットワークで IEEE802.3 が用いられる機会はあまり多くありません。

同じようにローカルなネットワーク内で用いられるものとして、IBM 社のトークンリングや Apple Computer の AppleTalk といったプロトコルも 1970 年〜 80 年代頃に作られました。しかし、Ethernet が低価格化、高速化の道をたどっていったため、これらのプロトコルは Ethernet に比べて普及せず衰退していきました。

07-3 Ethernet のフレームフォーマットを見てみよう

あるレイヤで扱うデータについて、1 つ上のレイヤから受け取ったデータを**ペイロード**、そのレイヤでヘッダをつけた状態を **PDU**（Protocol Data Unit）といいます。

各レイヤの PDU には個別の名前があり、データリンク層で扱われる PDU のことを**フレーム**、ネットワーク層で扱われる PDU のことを**パケット**と呼びます。フレームは、1 つ上の階層であるネットワーク層から降りてきたパケットに対して、データリンク層のプロトコルでヘッダをつけたものです。データリンク層のプロトコルである Ethernet でヘッダを付与したフレームを、イーサネットフレームと呼ぶこともあります。

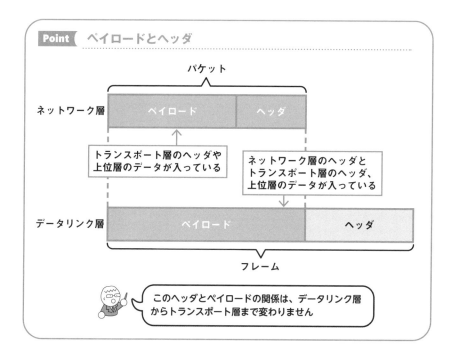

Point ペイロードとヘッダ

パケット

ネットワーク層　　ペイロード　　ヘッダ

トランスポート層のヘッダや
上位層のデータが入っている

ネットワーク層のヘッダと
トランスポート層のヘッダ、
上位層のデータが入っている

データリンク層　　ペイロード　　ヘッダ

フレーム

このヘッダとペイロードの関係は、データリンク層
からトランスポート層まで変わりません

　なお、現在使われているイーサネットフレームの規格には2種類あり、
「Ethernet II」と「IEEE802.3」に分かれています。

　TCP/IPで扱われるフレームのほとんどがEthernet II規格を使用していま
す。IEEE802.3規格のフレームもごくわずかに使われてはいますが、一般的
ではありません。このため、本書ではEthernet II規格に則って紹介していき
ます。

　Ethernet II規格のフレームは、**プリアンブル**、**宛先MACアドレス／送信
元MACアドレス**、**タイプ**、**ペイロード**、**FCS**という5つのフィールドから
成り立っています。ペイロードは1つ上の階層から渡されるデータの部分で
す。では、ヘッダに含まれる各フィールドについて見ていきましょう。

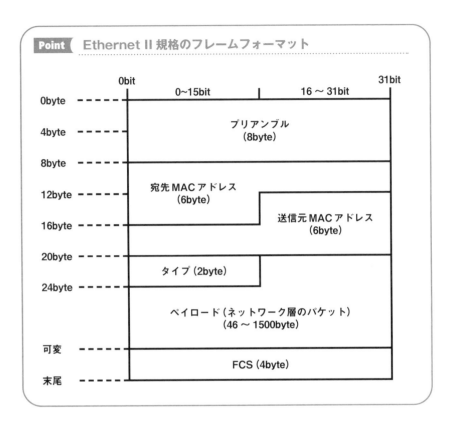

プリアンブル

プリアンブルは、フレームの始まりを伝えるために使われる 8byte の特別なビット列です。電気信号を受信する端末では、フレームの先頭についているプリアンブルを見て、この次にくる信号がフレームであることを判断します。

プリアンブルは 7byte のプリアンブルと 1byte の SFD（Start Frame Delimiter）で構成されています。SFD は開始フレーム識別子といい、「ここからフレームが始まります」という合図になっています。

宛先 MAC アドレス／送信元 MAC アドレス

データリンク層では、端末を識別するためのアドレスとして MAC アドレ

スを使用しています。データを送信する際はフレームヘッダの**宛先 MAC ア
ドレス**のフィールドに宛先端末の MAC アドレスをセットし、**送信元 MAC
アドレス**のフィールドに自身の MAC アドレスをセットしてフレームを送信
します。

タイプ

　タイプには、1 つ上の階層で使われているプロトコルを示す 2byte の値が
セットされます。**ネットワーク層が IPv4 の場合は 0x0800**、IPv6 の場合は
0x86DD といった値がセットされます。

ペイロード

　ペイロードには、上位のプロトコルから受け渡された PDU がそのまま入り
ます。データリンク層のペイロードには、IPv4 や IPv6 などのデータが入る
ことが多いです。

　Ethernet II 規格では 1 つのフレームで扱えるデータの上限が決まっており、
ペイロード部分は 46byte から 1500byte までと定義されています。
Ethernet で扱えるペイロードのサイズ（＝パケット）の最大値を **MTU**
(Maximum Transmission Unit) と呼びます。

FCS

　FCS（Frame Check Sequence）はフレームが壊れていないことを確認
するための 4byte のフィールドです。電気信号や光信号に変換されて送信さ
れたデータは、周囲のノイズなどの影響を受けて壊れてしまうことがありま
す。FCS には、送信側で **CRC**（Cyclic Redudancy Check）というアルゴ
リズムを用いてフレームの各フィールドから計算した値をセットします。受
信側でも同様の計算を行い、送られてきた値と計算した値を比較し、値が一
致しなければエラーであるとみなしてフレームを破棄しています。

　このように、FCS は受信側で届いたフレームの状態を確認し、壊れていな
いかどうかを判断するために用いるフィールドなのです。

Ethernet のフレームはこれらのフィールドで構成されています

 後で、パケットキャプチャをして各フィールドについて確認してみましょう

Ethernet のヘッダは、項目があまり多くないんですね

 そうですね。IP や TCP といったネットワーク層以上のプロトコルと比べて役割がシンプルなので、ヘッダもそれに合わせてシンプルになっています

⚠ 注意

フレームやパケットのヘッダフォーマットには様々な表記があります。本書では RFC に則り、左上から右下に向けて、データが流れていく順に記載する図を採用しています。

●ヘッダフォーマットの見方

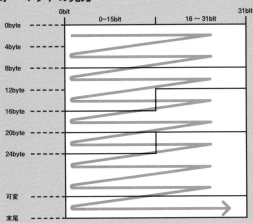

 フレームやパケットのヘッダは、このようなフォーマットで表記されることが多いんですね

66

07-4 MACアドレスとは？

　さて、ヘッダの中に「宛先MACアドレス／送信元MACアドレス」という
ものが登場しました。先ほど説明した通り、**MACアドレス**はデータリンク
層で端末を識別するための情報です。Ethernetや同じくデータリンク層のプ
ロトコルであるFDDI、無線LANなどで使われています。

　MACアドレスはPCやサーバのNICやネットワーク機器に対して製造時
に割り当てられており、基本的には世界的に一意な値になっています。

　MACアドレスは6byte（48bit）で構成されており、「38:D5:47:7B:55:C9」
といった形で表記します。表記する際は、全体を8bitずつに区切り、それを
16進数で表します。8bitの区切りは：（コロン）、もしくは‒（ハイフン）が
用いられます。

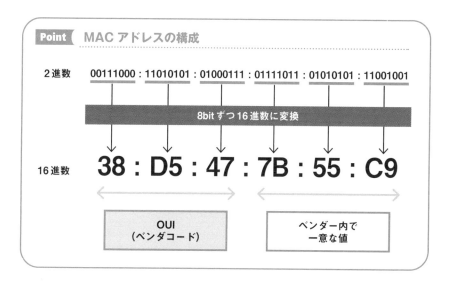

　また、6byteの中でも上位3byte（24bit）と下位3byte（24bit）がそれ
ぞれ意味を持っています。上位3byteは**OUI**（Organizationally Unique
Identifier）またはベンダ識別子やベンダコードと呼ばれ、IEEEがNICの製
造ベンダーごとに割り当てています。下位3byteはベンダー内で重複のない
値になるよう、各機器やNICに割り当てています。

08 Ethernetを パケットキャプチャしてみよう

パケットキャプチャで Ethernet ヘッダの中身を実際に確認してみましょう。

08-1 Ethernet をパケットキャプチャしてみよう

では、実際にパケットをキャプチャしてフレームのヘッダを確認してみましょう。**06–6** で説明したように PC で Wireshark を起動し、キャプチャを開始した状態で、ブラウザでどこかのサイトにアクセスしましょう。

キャプチャしたパケットのどれか 1 つをクリックし、画面下のパケット詳細を見てください。上から 2 段目に「Ethernet II …」という項目があると思います。その欄をクリックすると、Ethernet ヘッダの詳細が表示されます。「**Destination**」の欄に記載されている MAC アドレスが**宛先 MAC アドレス**、「**Source**」欄に記載されている MAC アドレスが**送信元 MAC アドレス**です。

●キャプチャして Ethernet ヘッダを確認する

```
> Frame 3: 74 bytes on wire (592 bits), 74 bytes captured (592 bits) on interface \Device
∨ Ethernet II, Src: 60:84:bd:48:78:73, Dst: 00:0c:29:da:94:71
  ∨ Destination: 00:0c:29:da:94:71         宛先MACアドレス
      Address: 00:0c:29:da:94:71
      .... ..0. .... .... .... .... = LG bit: Globally unique address (factory default)
      .... ...0 .... .... .... .... = IG bit: Individual address (unicast)
  ∨ Source: 60:84:bd:48:78:73            送信元MACアドレス
      Address: 60:84:bd:48:78:73
      .... ..0. .... .... .... .... = LG bit: Globally unique address (factory default)
      .... ...0 .... .... .... .... = IG bit: Individual address (unicast)
    Type: IPv4 (0x0800)            タイプ
> Internet Protocol Version 4, Src: 192.168.10.10, Dst: 192.168.10.202
```

【Download】 08-1_Ethernet_header.pcapng

このように、**07–3** で紹介した Ethernet ヘッダの内容と同じものが並んでいるのがわかると思います。プリアンブルと FCS は、送受信の直前に NIC が付与するものであり、Wireshark でキャプチャできるパケットはプリアンブルと FCS をつける前、外した後の状態です。

手元の PC からインターネット上の Web サイトなどにアクセスしたのであ
れば、宛先 MAC アドレスはデフォルトゲートウェイのアドレス、皆さんの
環境であればインターネットと接続しているルータなどのアドレスになって
いると思います。

　ルータ側の MAC アドレスを確認できる方は、キャプチャしたフレームの
宛先 MAC アドレスと同じものになっているか、確認してみてください。

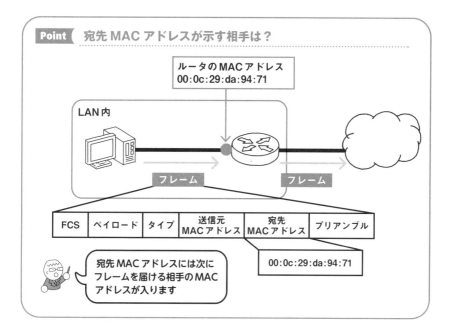

コマンドプロンプトで送信元 MAC アドレスを調べる

　送信元 MAC アドレスは、皆さんのお手元の端末が持つ NIC に設定されて
いる MAC アドレスになっています。

　Windows マシンをご利用の場合はコマンドプロンプトを起動し、次のコ
マンドを入力して確認してみましょう。

```
ipconfig /all
```

● MACアドレスを調べる

Windowsであれば、コマンドプロンプトを起動し、次のコマンドを実行する。

```
ipconfig /all
```

```
■ コマンド プロンプト
C:\>ipconfig /all

Windows IP 構成

  ホスト名. . . . . . . . . . . . . . . . . : SIE-NOTE-M007
  プライマリ DNS サフィックス . . . . . . . :
  ノード タイプ . . . . . . . . . . . . . . : ハイブリッド
  IP ルーティング有効 . . . . . . . . . . . : いいえ
  WINS プロキシ有効 . . . . . . . . . . . . : いいえ

イーサネット アダプター イーサネット 4:

  接続固有の DNS サフィックス . . . . . . . :
  説明. . . . . . . . . . . . . . . . . . . : ASIX AX88179 USB 3.0 to Gigabit Ethernet Adapter #2
  物理アドレス. . . . . . . . . . . . . . . : 60-84-BD-48-78-73
  DHCP 有効 . . . . . . . . . . . . . . . . : いいえ
  自動構成有効. . . . . . . . . . . . . . . : はい
  リンクローカル IPv6 アドレス. . . . . . . : fe80::b069:7065:52f3:15c4%16(優先)
  IPv4 アドレス . . . . . . . . . . . . . . : 192.168.10.240(優先)
  サブネット マスク . . . . . . . . . . . . : 255.255.255.0
  デフォルト ゲートウェイ . . . . . . . . . : 192.168.10.1
  DHCPv6 IAID . . . . . . . . . . . . . . . : 794854589
  DHCPv6 クライアント DUID. . . . . . . . . : 00-01-00-01-25-8C-0F-47-48-2A-E3-55-22-52
  DNS サーバー. . . . . . . . . . . . . . . : fec0:0:0:ffff::1%1
                                               fec0:0:0:ffff::2%1
                                               fec0:0:0:ffff::3%1
  NetBIOS over TCP/IP . . . . . . . . . . . : 有効
```

> 物理アドレス
> ＝ MACアドレス

ipconfig /all コマンドでインターフェースに設定された
MAC アドレスや IP アドレスが確認できるんですね！

　キャプチャしたフレームの送信元 MAC アドレスには、上記の方法で確認
した PC の MAC アドレスがセットされているはずです。

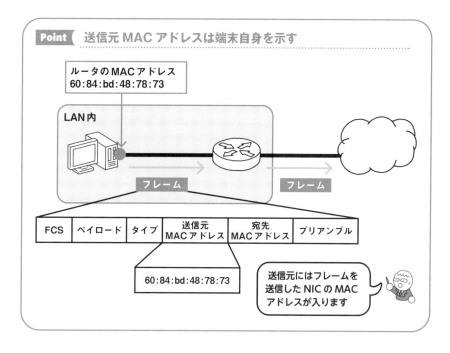

Point 送信元 MAC アドレスは端末自身を示す

ルータの MAC アドレス
60 : 84 : bd : 48 : 78 : 73

LAN内

フレーム

フレーム

FCS	ペイロード	タイプ	送信元 MAC アドレス	宛先 MAC アドレス	プリアンブル

60 : 84 : bd : 48 : 78 : 73

送信元にはフレームを
送信した NIC の MAC
アドレスが入ります

このように、パケットキャプチャすることで各ヘッダに含まれている値を
調べることができます。トラブルシューティングなどでパケットキャプチャ
を行う際は、ヘッダに含まれる値を確認して、問題点を見つけ出します。例
えば、ヘッダの宛先 MAC アドレスなどを見ることで通信を送っている対象
が想定した端末になっているかを確認したりすることができます。

IPv4のきほん

第2章　現代の通信に必須のプロトコルのきほん

IP は世界中のネットワークを繋ぐ重要なプロトコルです。ここでは IPv4 について見ていきます。

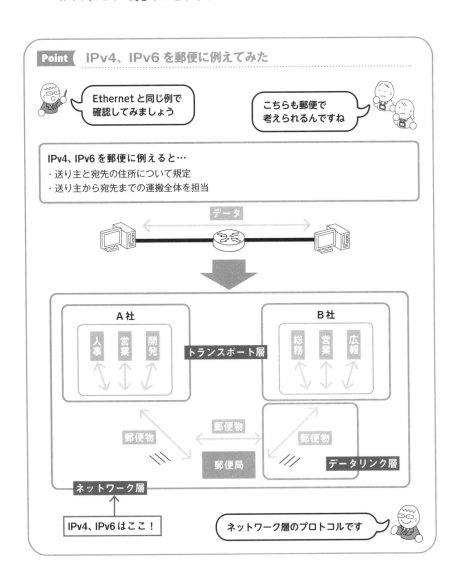

09-1 IPはネットワーク層の代表格

ネットワーク層では、異なるネットワーク間での通信について取り決めをしています。直接つながった端末や1つのネットワーク内の通信について規定しているデータリンク層と異なり、ネットワーク層ではエンドツーエンド、つまり**データの送信元から最終的な宛先までの通信**について取り決めをし、そのための処理を行っています。

データリンク層のプロトコルは1つのネットワーク内では同一のものが使われている必要があります。Ethernetを使っているネットワークに存在する各機器は、Ethernetで通信を行わなければなりません。

しかし、世界中の全てのネットワークでEthernetが使われているわけではなく、異なるプロトコルをデータリンク層のプロトコルとして使っているネットワークも存在します。異なるデータリンク層のプロトコルを使っているネットワーク同士で通信を行うには、どこかでその違いを吸収する仕組みが必要になります。ネットワーク層のプロトコルはその違いを覆い隠し、異なるデータリンク層のプロトコルを用いている機器同士でも通信ができるようにしてくれるのです。

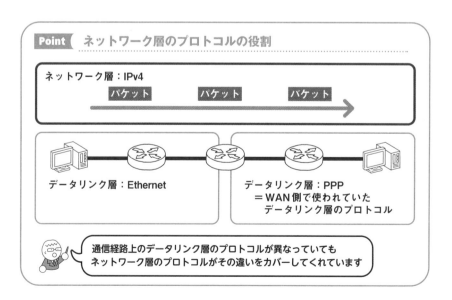

Point ネットワーク層のプロトコルの役割

ネットワーク層：IPv4
パケット　パケット　パケット

データリンク層：Ethernet

データリンク層：PPP
＝WAN側で使われていた
データリンク層のプロトコル

通信経路上のデータリンク層のプロトコルが異なっていても
ネットワーク層のプロトコルがその違いをカバーしてくれています

2

現代の通信に必須のプロトコルのきほん

73

ネットワーク層で使われているプロトコルはほとんどが **IP**（Internet Protocol）です。IP では **IPv4** と IPv6 の 2 つのバージョンが使われています。ここでは IPv4 について説明します。

09-2 IP の持つ 3 つの役割とは？

IP は 3 つの重要な役割を持っています。ネットワーク層のアドレスである **IP アドレスの定義**、送信元から宛先までのパケットの**転送（ルーティング）**、IP パケットの**分割と再構築（IP フラグメンテーション）**の 3 つです。それぞれ見ていきましょう。

IP アドレス

通信を行う際は郵便における住所や電話における電話番号と同じように、通信相手を識別する値が必要になります。データリンク層、Ethernet では MAC アドレスが用いられていることは、先の **08** で説明しました。MAC アドレスはあくまで 1 つのネットワーク内で端末の識別に用いられています。

では、異なるネットワーク上に存在する端末を識別するためにはどのような値が必要になるでしょうか。

それを定義しているのがネットワーク層のアドレスである **IP アドレス**です。TCP/IP を使って通信をする端末は、基本的に IP アドレスを持つ必要があります。詳しい内容は、**11** で後述します。

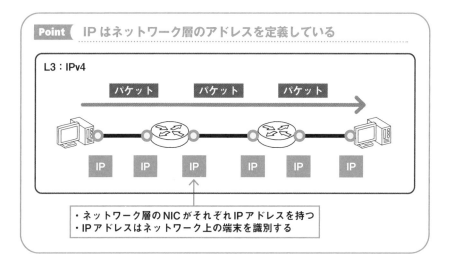

Point IP はネットワーク層のアドレスを定義している

L3：IPv4

パケット　　　　パケット　　　　パケット

IP　　IP　　IP　　IP　　IP　　IP

・ネットワーク層の NIC がそれぞれ IP アドレスを持つ
・IP アドレスはネットワーク上の端末を識別する

ルーティング

　ルーティングとは、離れたネットワーク上の端末同士が通信をする際、宛先 IP アドレスまでパケットを届けるための機能です。経路制御ともいいます。

　インターネット上には無数のネットワークが存在し、網の目のように複雑な状態になっています。離れたネットワーク同士で通信を行おうとすると、インターネット上にある無数のネットワークの中から宛先に至るまでの道のりを見つける必要が出てきます。その際、経路の決定を行う機能がルーティングです。無数のネットワークを繋ぐルータなどの L3 機器たちが、流れてきたパケットの宛先情報から次にどこへ向かえばいいかを判断してくれます。

　IP のルーティングは、ホップバイホップルーティングと呼ばれる方式を用いています。これは、各 L3 機器が宛先までの詳細な道のりを把握するのではなく、**次にどこに向かえばよいのかだけを把握し、ルーティングする方式**です。各 L3 機器は、パケットが流れてきたら宛先の情報をチェックし、次にどこへ向かえばよいか判断し、転送します。次の機器も同様の処理を行います。これを繰り返して最終的な宛先までパケットを送り届けるわけです。

　端末やルータなどはルーティングテーブルを持っています。このルーティングテーブルには複数のネットワークの情報と、それらのネットワークに到達するには次にどこへ向かえばよいか、自身のどのインターフェースから送

り出せばよいかが書かれています。

　ルーティングテーブルに情報を記載するための手段が、**スタティックルー
ティング**と**ダイナミックルーティング**です。ダイナミックルーティングでは
ルーティングプロトコルが用いられます。

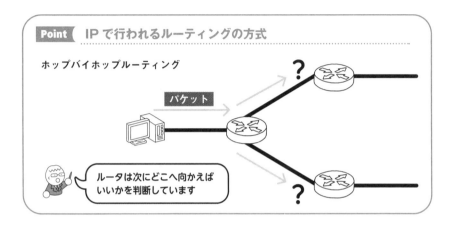

IP フラグメンテーション

　07-3 で少し触れましたが、データリンク層のプロトコルはそれぞれ MTU
（Maximum Transmission Unit：最大転送単位）という 1 つのフレームで
運ぶことができるペイロード、つまりパケットのサイズを定めています。

　MTU はプロトコルによって異なるので、インターネットを経由して離れた
端末同士が通信をしようとする際、異なる MTU が設定された区間を経由す
る可能性があります。MTU のサイズが小さい経路を通る場合、パケットの大
きさがMTUを上回り、そのままでは転送できない場合が出てきます。そういっ
たときに行われる処理が、**IP フラグメンテーション**です。

　Ethernet の場合、デフォルトの MTU は 1500byte です。このため、1 つ
のフレームで送信できるパケットのサイズは 1500 になります。それに対し
て、例えば PPPoE の MTU は 1492 といったように、MTU のサイズはプロ
トコルによって異なります。次に示す図のように MTU の違う経路を通る必
要があれば、その経路を通れるようにパケットを分割しなければならない場
合があります。

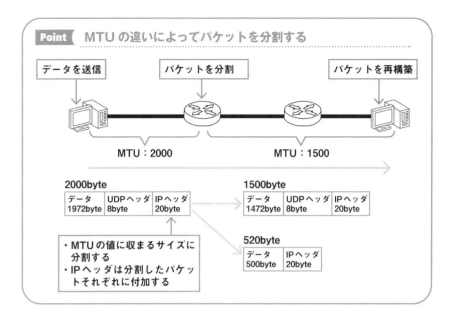

Point MTU の違いによってパケットを分割する

データを送信　　　　パケットを分割　　　　パケットを再構築

MTU：2000　　　　　　　MTU：1500

2000byte

| データ 1972byte | UDP ヘッダ 8byte | IP ヘッダ 20byte |

1500byte

| データ 1472byte | UDP ヘッダ 8byte | IP ヘッダ 20byte |

・MTU の値に収まるサイズに分割する
・IP ヘッダは分割したパケットそれぞれに付加する

520byte

| データ 500byte | IP ヘッダ 20byte |

　IP フラグメンテーションでは、流れてきたパケットを MTU のサイズに合わせて分割します。例えば 2000byte の UDP を使用したパケットを 1500 byte の MTU の経路に流す場合、1500byte と 520byte のパケットに分割されます。このとき、IP ヘッダにはフラグメンテーションに必要な情報が含まれているため、分割したそれぞれのパケットに IP ヘッダがつけられます。そして分割されたパケットは、最終的な宛先で元の状態へと再構築されます。

　ただし、IP フラグメンテーションは分割と再構築の処理が複雑なため、機器に負荷をかけてしまいます。よって IP フラグメンテーションを使用しないようにするため、IP ヘッダ内のフラグで DF（Don't Fragment）ビットを立て、IP フラグメンテーションを禁止して通信することも多くなっています。

Ethernet と IP が現在のネットワークを支えていると言っても過言ではありません

IP は重要な機能をいくつも持っているんですね

10 IPv4のパケットフォーマットの きほん

現代で用いられる多くのプロトコルは TCP/IP に則って定義されています。では、実際のデータはプロトコル間をどのように流れていくのでしょうか。

10-1 IPv4のパケットフォーマットを確認してみよう

　ネットワーク層の PDU を**パケット**と呼びます。パケットは、1 つ上の階層であるトランスポート層から降りてきたデータに対して、ネットワーク層のプロトコルでヘッダをつけたものです。

Point IPv4 パケットフォーマット

IP でカプセル化したパケットのことを **IP パケット**と呼びます。IP パケット
は IP ヘッダとペイロードで構成されています。ペイロードはデータリンク層
のものと同じで、1 つ上の階層から降りてきたデータです。

IP ヘッダには、データを送信元から宛先に届けるために必要な様々なデー
タが含まれています。

ここでは、IP ヘッダのフォーマットと各フィールドの役割について見てい
きましょう。

バージョン

バージョンは名前そのまま、IP というプロトコルのバージョンを示す 4bit
のフィールドです。IPv4 の場合、そのまま 4 という値が入ります。

ヘッダ長

ヘッダ長は IP ヘッダ自体の大きさを示す 4bit のフィールドです。受信側
の端末では、このフィールドを確認することで、受け取ったパケットのどこ
までが IP ヘッダなのかを判断することができます。

ヘッダ長には、ヘッダの大きさを 4byte 単位に換算した値が入ります。IP
ヘッダは通常 20byte なので、通常の IP ヘッダであれば 5 という値が入り
ます。

ToS（Type of Service)

ToS はパケットの優先度を示す 8bit のフィールドです。QoS と呼ばれる、
パケットの優先制御や帯域制御、輻輳制御などで用いられます。

元々は先頭の 3bit でパケットを転送する際の優先度を 8 段階で示し、次の
3bit が通信の種類、最後の 2bit は未使用としていました。この上位 3bit を
IP Precedence（IP プレシデンス値）といいます。

しかし IP Precedence は あ ま り 実 装 さ れ な か っ た た め、**DSCP**
(Differentiated Services Code Points) として再定義されました。元々
ToS が使っていた 8bit のうち、先頭 6bit を DSCP フィールドとして再定義
しています。DSCP フィールドは IP Precedence と同様に、優先制御や帯域
制御などに用いられています。

パケット長

パケット長は IP ヘッダと IP ペイロードを足した、パケット全体の長さを表す 2byte のフィールドです。

あくまで IP パケットの長さなので、この値には、この後カプセル化によって付加されるデータリンク層のヘッダは含まれません。

識別子

識別子は、**09-2** で説明した IP フラグメンテーションで用いられる 2byte のフィールドです。パケットを分割する際、分割したそれぞれのパケットに同じ識別子をコピーして保持しておきます。バラバラにしたパケットは後ほど再構成しなければなりません。その際、分割したパケットは同じ識別子を持つため、パケットを再構成する際の目印となります。

フラグ

フラグも IP フラグメンテーションで用いられる 3bit の値です。1bit 目は特に使われておらず、2, 3bit 目が特別なフラグになっています。

2bit 目は **DF**（Don't Fragment）ビットといい、IP フラグメンテーションを禁止するフラグです。DF ビットに 1 がセットされていた場合、そのパケットは IP フラグメンテーションによって分割してはいけないパケット、ということになります。

3bit 目は **MF**（More Fragments）ビットといい、IP フラグメンテーションによって分割されたパケットがこのパケットの後に続くかどうかを表す機能を持ちます。1 なら、この後に分割されたパケットが続きます。

IP フラグメンテーションはパケットの再構成に複雑な処理が必要になるため、端末に負担をかけてしまいます。このため、DF ビットを用いることで IP フラグメンテーションをさせずに通信することができます。この場合はトランスポート層やアプリケーション層など、IP よりも上位のプロトコルでデータサイズを調整する場合が多いです。

フラグメントオフセット

フラグメントオフセットは、IP フラグメンテーションで用いられる 13bit のフィールドです。

パケットを分割した際、その 1 パケットが分割される前のオリジナルパケッ

トのどの位置にあったかを表す値が入っています。この値を用いることで、分割されたパケットを受信した端末は、IP パケットを正しい順序で元に戻すことができるわけです。先頭のパケットでは 0 が、それ以外のパケットはそれぞれの位置が入ります。

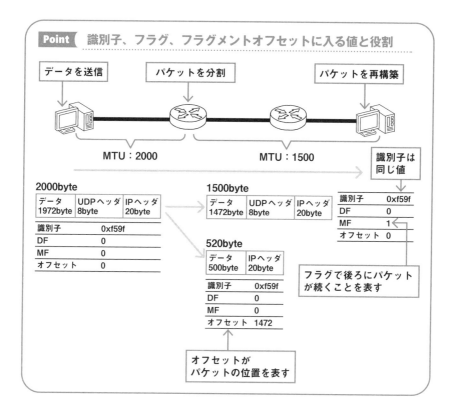

TTL（Time to Live：生存時間）

　TTL はパケットの寿命、生存時間を表す 8bit のフィールドです。TTL が表す生存時間とは、パケットが経由するルータなど L3 機器の数で表します。パケットが宛先に到達するまでにルータで転送されるたび、TTL の値は 1 ずつ減っていきます。TTL の値が 0 になった時点でそのパケットは破棄されます。

　TTL の値は、1 つのパケットが同じネットワーク内に永遠に存在し続ける

ことを防ぐ役割があります。何らかの理由でパケットがループする状態になってしまった場合、パケットを破棄する手段がなければそのパケットは同じ箇所を延々と回り続けます。そこでTTLを用いることで、ループしているうちにTTLの値が0になり、パケットを破棄することができます。

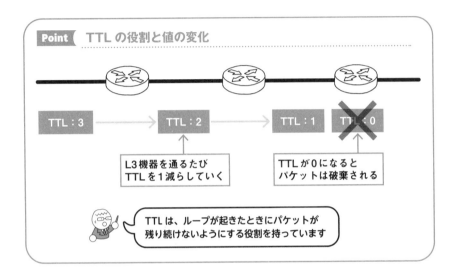

プロトコル

プロトコルはペイロードの部分がどんなプロトコルで構成されたかを表す8bitのフィールドです。

TCPであれば6、UDPであれば17というようにペイロード部分を構成したプロトコルを示す値が入っています。この値は、IANA（Internet Assigned Number Authority）が管理しており、次のURLから最新の情報を確認することができます。

・IANA　Protocol Numbers
https://www.iana.org/assignments/protocol-numbers/protocol-numbers.xhtml

ヘッダチェックサム

ヘッダチェックサムは、IPv4 ヘッダの整合性確認のために用いられる 16bit のフィールドです。Ethernet の FCS と同じように、届いたパケットの IPv4 ヘッダが壊れていないか確認するために用いられています。

送信元 IP アドレス、宛先 IP アドレス

送信元 IP アドレス、宛先 IP アドレスは名前の通り、パケットを送信した端末の IP アドレスと、最終的な宛先端末の IP アドレスをセットする 32bit のフィールドです。パケットを送信する際、送信側端末は送信元 IP アドレスに自身の IP アドレスを、宛先 IP アドレスに通信を届けたい宛先の IP アドレスをセットして、パケットを作成します。

受信側の端末は受け取ったパケットの宛先 IP アドレスを確認し、自らが宛先であることを判断します。

IP アドレスについては次の節で詳しく解説します。

オプション

オプションは IP パケットで扱える拡張機能を表すための、可変長のフィールドです。宛先までに指定した経路を通過させるソースルーティングなど、いくつかのオプションが存在しています。通常の通信で使われることはあまりありません。

パディング

パディングは、IPv4 ヘッダの長さを整えるために使われるフィールドです。IPv4 ヘッダは 4byte 単位と仕様で決まっていますが、オプションを使用した場合、4byte 単位ではなくなることがあります。その場合、パディングに 0 を入れて穴埋めし、4byte 単位になるように IPv4 ヘッダの長さを整えます。こちらもオプション同様、通常の通信で使われることはあまりありません。

10-2 IPv4 をパケットキャプチャしてみよう

では、実際にパケットをキャプチャして IP ヘッダを確認してみましょう。Ethernet のときと同じように、Wireshark でキャプチャを開始した状態

でブラウザからどこかにアクセスしてみてください。

　キャプチャしたパケットのどれか1つをクリックし、画面下のパケット詳細を見てください。上から3段目に、「Internet Protocol Version 4, …」という項目があると思います。その欄をクリックすると、IPヘッダの詳細が表示されます。

　内容は次の図の通りです。**10-1**で紹介したIPヘッダの内容と同じものが並んでいるのがわかると思います。各項目の中身は皆さんの環境によって異なりますが、ヘッダの項目そのものは定義されているため、基本的には変わりません。

●**キャプチャしてIPヘッダを確認する**

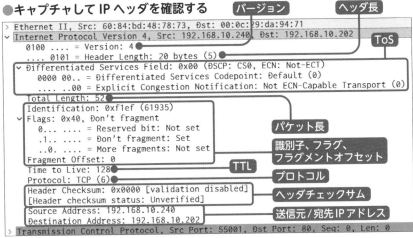

［Download］10-4_IP_header.pcapng

11 IPv4アドレスのきほん

ネットワークを通じて通信するうえでは、端末を示す IP アドレスが欠かせません。IPv4 で用いられる IP アドレスの基本を理解しておきましょう。

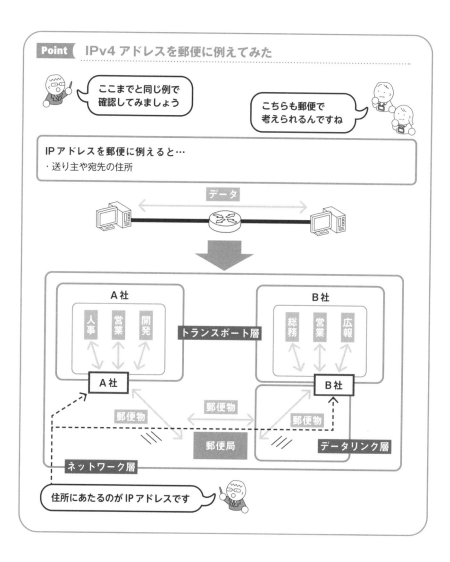

Point IPv4 アドレスを郵便に例えてみた

ここまでと同じ例で
確認してみましょう

こちらも郵便で
考えられるんですね

IP アドレスを郵便に例えると…
・送り主や宛先の住所

データ

A社

人事　営業　開発

B社

総務　営業　広報

トランスポート層

A社

B社

郵便物　　郵便物　　郵便物

郵便局

データリンク層

ネットワーク層

住所にあたるのが IP アドレスです

11-1 通信をするうえで欠かせないIPアドレス

　TCP/IP に則って通信をする場合、ルータなどのネットワーク機器や PC、サーバといった端末は全て **IP アドレス**で識別されます。通信をしたければ、各機器に IP アドレスを設定してあげなければならないわけです。これは LAN だろうとインターネットだろうと変わらず、各端末が唯一のアドレスを持つよう適切に IP アドレスを設定・運用する必要があります。では、IP アドレスとはそもそもどのようなものでしょうか。

　なお、本書では IPv4 アドレスを IP アドレス、IPv6 アドレスを IPv6 アドレスと表記します。

11-2 IPアドレスの表記のきほん

　IP アドレスは 32bit の値で構成されています。コンピュータは 2 進数で値を扱うため、IP アドレスも 32 桁の 2 進数で扱われます。ただし、そのままでは私たちには扱いづらいため、10 進数で表記する方法が用意されています。

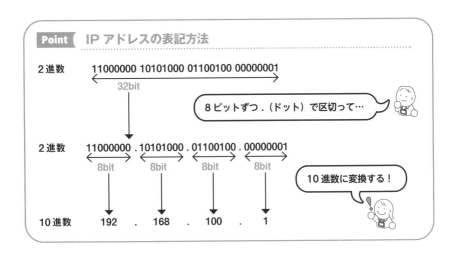

　IP アドレスを表記する際は、**32bit を 8bit ずつ 4 つに分けて、.（ドット）**

86

で区切り、その1つずつを10進数で表記します。ドットで区切られた8bitをオクテットと呼びます。

11-3 IPアドレスの割り当てはインターフェースごと

IPアドレスは1つの端末につき1つではなく、1つのインターフェースにつき1つ割り当てます。サーバなどで2つ以上のNICを持つ場合はそれぞれ別のIPアドレスを割り当てることもありますし、ルータなどの多数のインターフェースを持つ端末であれば、それに応じたIPアドレスを割り当てることがあります。また、物理的には1つのインターフェースに仮想的に複数のIPアドレスを割り当てる場合もあります。

11-4 ネットワーク部とホスト部、サブネットマスクとは？

32bitの値で構成されているIPアドレスは、32bitを**ネットワーク部とホスト部の2つに分けて定義**しています。

ネットワーク部とは、そのIPアドレスがどんなネットワークに属しているのかを表す値です。ホスト部はネットワーク内のどの端末であるかを表す値です。

これらが32bitの中に存在しているのですが、これらを区切る目印になるものがあります。それが**サブネットマスク**です。IPアドレスは基本的にIPアドレス単体で用いるのではなく、サブネットマスクとセットで使用します。

サブネットマスクもIPアドレスと同様、32bitで表記します。その中で、併記したIPアドレスの32bitのうち、サブネットマスクが1のビットがネットワーク部、0のビットがホスト部になります。

サブネットマスクは2種類の表記の仕方で表せます。1つはIPアドレスと同じ方法で10進数表記する方法、もう1つは、/の後ろにサブネットマスクの1のビット数を記載する方法です。/を使った表記を **CIDR表記**や**プレフィックス表記**と呼びます。

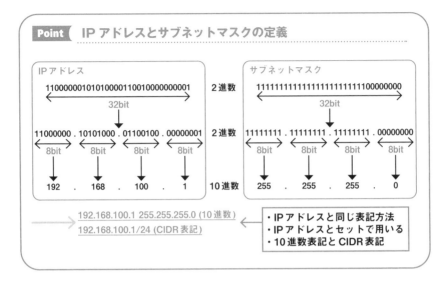

Point IP アドレスとサブネットマスクの定義

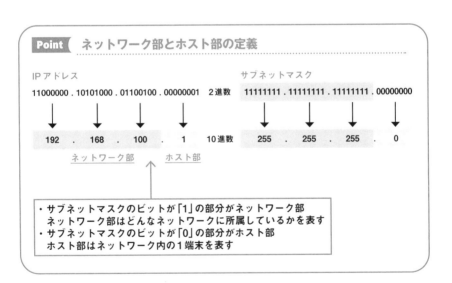

Point ネットワーク部とホスト部の定義

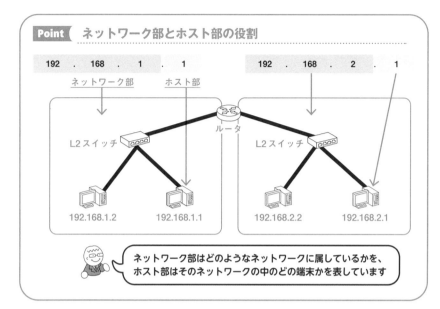

IPアドレスとサブネットマスクは
セットで扱うことが多いものです

どちらもしっかり覚えておきましょう

12 IPv4アドレスの分類のきほん

IPアドレスは役割に応じていくつかに分けられています。重要なものについて、役割とその分類を把握しておきましょう。

12-1 IPアドレスは3つに分類できる

IPアドレスは全部で約43億個程度ほどありますが、これらはRFCによってどこからどこまでがどのような役割、と分類されています。主に「クラスによる分類」「プライベートアドレスとグローバルアドレス」「予約されたアドレス」の3つの分類を覚えておきましょう。

12-2 クラスによる分類は5つ

IPアドレスは、**クラスA〜クラスEまでの5つに分類**されます。IPアドレスは0.0.0.0〜255.255.255.255までありますが、これを範囲で区切るのがクラスによる分類です。クラスA〜Cまでは、私たちが普段使うIPアドレスのクラスです。DとEは特殊な用途で使用するアドレスで、一般的に使用することはありません。

アドレスの範囲は次のようになります。

クラスA〜Cまでは、AからCに向けて順に大規模から小規模のネットワーク向けの範囲になります。クラスAであれば約1677万個のIPアドレスを、クラスCであれば254個のIPアドレスを1つのネットワーク内で利用することができます。

Point IP アドレスのクラスによる分類

クラス	IP アドレス範囲	用途	1 ネットワーク で使える数	プライベート アドレス範囲
クラス A	0.0.0.0 – 127.255.255.255	超大規模	16777214 個	10.0.0.0 - 10.255.255.255
クラス B	128.0.0.0 – 191.255.255.255	大規模	65534 個	172.16.0.0 – 172.31.255.255
クラス C	192.0.0.0 – 223.255.255.255	小・中規模	254 個	192.168.0.0 – 192.168.255.255
クラス D	224.0.0.0 – 239.255.255.255	マルチ キャスト用	-	-
クラス E	240.0.0.0 – 255.255.255.255	研究用・ 予約用	-	-

クラスフルアドレッシング

　1990 年代前半までは IP アドレスを企業などに割り当てる場合、クラス単位で割り当てていました。IP アドレスが大量に必要になる大企業などにはクラス A を、小規模な企業などにはクラス C を、といった形です。

　クラスに基づいて IP アドレスを割り当てる方式を**クラスフルアドレッシング**といいます。サブネットマスクがわかりやすい値で定まってるので、IP アドレスの管理はしやすくなります。ただし、クラスフルアドレッシングの場合は、IP アドレスの無駄が出やすいという欠点があります。

　例えばクラス B の場合、65534 個もの IP アドレスを 1 つのネットワーク内で扱うことができます。1 つのネットワーク内でそれだけの数の IP アドレスを使うことはまずないので、使っていない IP アドレスは無駄になってしまいます。

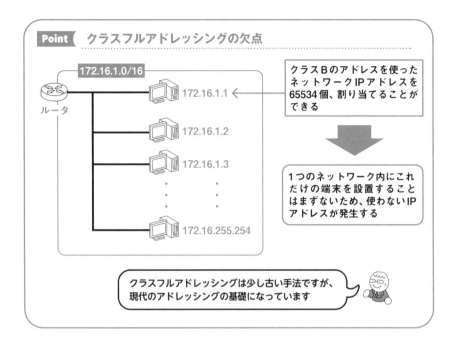

Point クラスフルアドレッシングの欠点

172.16.1.0/16

ルータ

172.16.1.1 ← クラスBのアドレスを使った
ネットワークIPアドレスを
65534個、割り当てることが
できる

172.16.1.2

172.16.1.3

172.16.255.254

1つのネットワーク内にこれ
だけの端末を設置すること
はまずないため、使わないIP
アドレスが発生する

クラスフルアドレッシングは少し古い手法ですが、
現代のアドレッシングの基礎になっています

クラスレスアドレッシング

　クラスフルアドレッシングに対し、サブネットマスクを自由に設定してIP
アドレスを割り当てることができる方式を**クラスレスアドレッシング**といい
ます。クラスフルアドレッシングではIPアドレスの無駄が多く発生していた
ので、クラスによる分類をやめ、任意のサブネットマスクを設定するように
なりました。

　例えばクラスCのIPアドレスを使う場合、1つのネットワーク内で扱うこ
とができるIPアドレスは最大254個になります。これを増やそうとすると、
クラスフルアドレッシングを用いる場合、次はクラスBのアドレスを割り当
てることになり、65534個のIPアドレスが使えるようになります。例えば
500個程度のIPアドレスを割り当てたい場合、クラスBを割り当てると
65000個程度、使われないIPアドレスが発生することになります。

　そこで、クラスレスアドレッシングを使うことでちょうどよいIPアドレス
の範囲を作ることができます。1つの大きなIPアドレスの範囲を複数に分割

する、または複数の IP アドレスの範囲をまとめて大きな範囲を作ることができます。

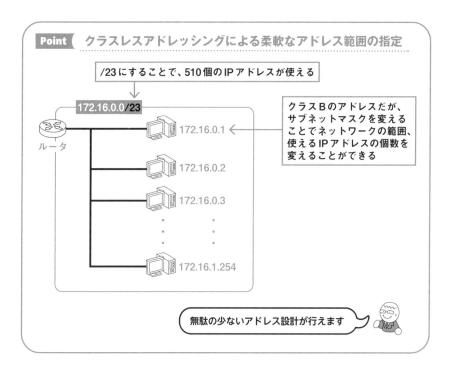

Point　クラスレスアドレッシングによる柔軟なアドレス範囲の指定

/23 にすることで、510 個の IP アドレスが使える

172.16.0.0 /23

ルータ

172.16.0.1

クラス B のアドレスだが、サブネットマスクを変えることでネットワークの範囲、使える IP アドレスの個数を変えることができる

172.16.0.2

172.16.0.3

172.16.1.254

無駄の少ないアドレス設計が行えます

このように、クラスレスアドレッシングを用いてサブネットマスクを自由な値に設定することで、クラスに基づいたネットワークを利用するだけでなく、自由にネットワークの範囲を指定して IP アドレスを割り振ることができるようになります。クラスレスアドレッシングのことを **CIDR** ともいいます。

12-3　グローバルアドレスとプライベートアドレス

2 番目の分類として、**グローバルアドレス**と**プライベートアドレス**が挙げられます。こちらは、ネットワーク上での IP アドレスの使用箇所を基準とした分類、といえます。

グローバルアドレスはインターネット上において他と重複しない一意なアドレスを指します。プライベートアドレスは、名前の通り企業内や家庭内などのプライベートなネットワーク内でのみ他と重複しない、一意なアドレスを指します。グローバルアドレスは電話においての外線用の電話番号、プライベートアドレスは企業内で用いられる内線番号をイメージするとわかりやすいかもしれません。

プライベートアドレス

　プライベートアドレスは、企業内や家庭内などの範囲内であれば、端末などに自由に割り当てることができる IP アドレスのことです。RFC1918 にてアドレスの範囲が定められています。この範囲内のアドレスであれば、自由に割り当てることができます。

Point　プライベートアドレスの範囲

クラス	IP アドレス範囲	プライベートアドレスの範囲	サブネットマスク
クラス A	0.0.0.0 – 127.255.255.255	10.0.0.0 – 10.255.255.255	255.0.0.0　(/8)
クラス B	128.0.0.0 – 191.255.255.255	172.16.0.0 – 172.31.255.255	255.240.0.0　(/12)
クラス C	192.0.0.0 – 223.255.255.255	192.168.0.0 – 192.168.255.255	255.255.0.0　(/16)

　ただし、自由に割り当てることができる以上、インターネット上で見たときに重複が発生する恐れがあります。IP アドレスはいわばネットワーク上の住所のようなものなので、重複しているアドレスがあれば通信がうまくいかない可能性が出てきます。

　このため、プライベートアドレスはインターネット上に直接繋がっているネットワークでは用いることができません。プライベートアドレスを持った端末がインターネット上の端末と通信する際は、家庭内などのネットワークとインターネットを繋ぐルータが **NAT**（Network Address Translation）

と呼ばれる IP アドレスの変換機能を使って、プライベートアドレスをグローバルアドレスに変換して通信をしています。

グローバルアドレス

　グローバルアドレスは、先ほど紹介したプライベートアドレスの範囲外のアドレスです。こちらはインターネット上で一意なアドレスであると定義されており、アドレスの重複が発生しないように管理されています。

　グローバルアドレスは ICANN という非営利法人によって管理されており、日本のグローバルアドレスは下部組織である JPNIC（Japan Network Information Center）で管理されています。企業や家庭などの端末がインターネット上の端末と通信する際は、企業や家庭がプロバイダと契約してグローバルアドレスを割り当ててもらい、それを用いて通信をしています。

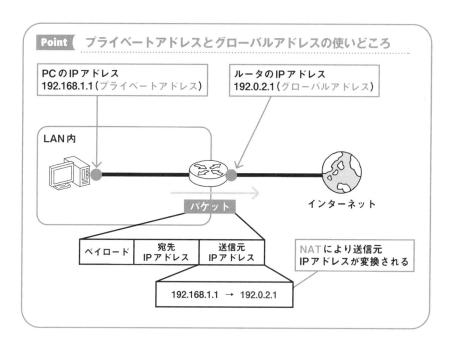

95

12-4 予約されたアドレスには特別な用途がある

　IP アドレス全体の中でも、一つ一つの端末に割り当てて使うことができない IP アドレスがあります。これらは特殊な用途を持ったアドレスであり、端末に設定することはできません。**ネットワークアドレス、ブロードキャストアドレス、マルチキャストアドレス**の 3 つを覚えておきましょう。

ネットワークアドレス

　ネットワークアドレスは、一つ一つのネットワークそのものを表すアドレスです。

　IP アドレスの**ホスト部のビットが全て 0 のアドレス**がネットワークアドレスになります。例えば 192.168.1.1/24 という IP アドレスの場合、ホスト部のビットを 0 にしたアドレス、つまり 192.168.1.0 が、192.168.1.1 という IP アドレスが属しているネットワークを示すアドレスです。

ブロードキャストアドレス

　ブロードキャストアドレスは、ネットワーク内の全ての端末を表す IP アドレスです。**ホスト部のビットが全て 1 のアドレス**がブロードキャストアドレスになります。DHCP など様々なプロトコルが、ネットワーク内の全ての端末に通信する必要がある際に使用しています。ネットワーク内の全端末宛てに行う通信のことを**ブロードキャスト**といいます。

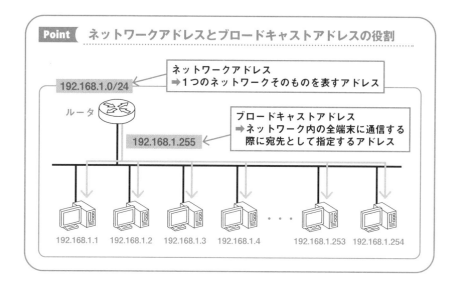

マルチキャストアドレス

マルチキャストアドレスは、ネットワーク内のある特定の複数端末に通信を行う際に用いられるアドレスです。ネットワーク内の特定の複数端末宛てに行う通信をマルチキャストといいます。

特定の複数端末とは、例えばあるルーティングプロトコルを使用しているルータや、特定のプロトコルが示すグループに属している機器など、何らかの役割を持っていたり何かのグループに所属しているものが対象になります。対象とするプロトコルや機器に応じたマルチキャストアドレスが用意されています。

13 IPv6のきほん

IPv6 は IPv4 に代わる新しいインターネットプロトコルです。IPv4 と同様にインターネットを支える重要なプロトコルです。

13-1 IPv4に代わる新しいプロトコル

　IPv4 では、IP アドレスとして 32bit のアドレスが使われています。32bit、2 の 32 乗個の IP アドレスなので、総数としては約 43 億個程度、存在することになります。TCP/IP が策定され、IP アドレスが使われ出した当時はこの数でも問題ありませんでしたが、誰もがネットワークに繋がる機器を複数持つようになった現代では、IPv4 アドレスの枯渇が問題になっています。こうした問題を解決するために標準化されたプロトコルが **IPv6** です。

　IPv4 アドレスの枯渇は 1990 年代から問題視されており、IPv4 に続くプロトコルの開発も同時期から行われていました。現在使われている IPv6 の仕様は、2017 年に発行された RFC8200 で定義されたものになっています。

13-2 IPv6の特徴について学ぼう

　IPv6 には、次のような特徴があります。IPv4 でも実装可能だったものもありますが、IPv6 では必須の機能として提供しているため、実装や管理が IPv4 に比べてやりやすくなっています。

IP アドレスの拡大

　IP アドレスを 128bit にすることで、ほぼ無制限に IP アドレスを割り当てることができます。

パフォーマンスの向上

　ヘッダ長を固定し、フィールドを削減してヘッダをシンプルにしたことで

ルータ等にかかる**負荷を軽減する**ことができます。また、経路上のルータでのフラグメントを禁止しているため、経路上のルータにかかる負荷も軽減しています。

IP アドレスの自動設定

　IP アドレスを自動設定する機能により、DHCP を使わずに IP アドレスを自動で設定することができるようになっています。

Mobile IP への対応

　Mobile IP という、接続するネットワークが頻繁に変化する移動端末に対してネットワーク機能を提供するプロトコルがあります。IPv6 では Mobile IP に関連した機能を IPv6 の拡張機能として整備し、よりスムーズに運用できるようになりました。

セキュリティ機能の提供

　IP アドレスの偽造に対するセキュリティ機能を提供したり、盗聴防止の機能を持つ IPsec の実装を必須にしたりすることで、安全性を高めています。

IPv4 と比べていろいろな機能が
追加されているんですね

はい、その通りです。とはいえ、
基本的な役割は変わりません

13-3 IPv6 のパケットフォーマット

　IPv6 パケットも IPv4 の構成と同じように、**IPv6 ヘッダ**とペイロードで構成されています。前項で述べた通り、IPv6 ではヘッダのフィールドを削減することで IPv4 よりもシンプルになっています。例えば、ヘッダチェックサムが削除されています。これは以前に比べて通信媒体の信頼性が増したことにより、エラー状態のパケットがネットワーク層に渡されることがほとんどな

2

現代の通信に必須のプロトコルのきほん

くなったことによります。

　それでは、IPv6 ヘッダの各フィールドについて見ていきましょう。

IPv6 パケットフォーマット

	0bit			31bit
		0 〜 15bit	16 〜 31bit	
0byte	バージョン (4bit)	トラフィッククラス (8bit)	フローラベル (20bit)	
4byte	ペイロード長 (16bit)		ネクストヘッダ (8bit)	ホップリミット (8bit)
8byte				
12byte				
16byte	送信元 IPv6 アドレス (128bit)			
20byte				
24byte				
28byte				
32byte	宛先 IPv6 アドレス (128bit)			
36byte				
36byte				

バージョン

　バージョンは、IPv4 と同じく IP（Internet Protocol）のバージョンを示す 4bit のフィールドです。IPv6 なので、そのまま 6 という値がセットされます。

トラフィッククラス

　トラフィッククラスは、IPv4 の ToS（Type of Service）と同様の機能を持つ 8bit のフィールドです。パケットの優先度を示します。

フローラベル

　フローラベルは IPv4 にはなかったフィールドです。アプリケーションなどの通信で発生する一連のデータのまとまりのことを通信フローやフローと呼ぶことがあります。フローラベルは通信フローを識別するために用いられる 20bit のフィールドになります。

　IPv4 では宛先 IP アドレス／送信元 IP アドレス、宛先ポート番号／送信元ポート番号、トランスポート層のプロトコルの 5 つの情報を基に通信フローの識別をすることがありますが、IPv6 ではこれをフローラベルというフィールドで自由に設定できるようにすることで、QoS などに活用できるようにしています。

ペイロード長

　ペイロード長は IPv6 ペイロードの長さを示す 16bit のフィールドです。IPv4 にはパケット長というフィールドがありましたが、IPv6 の場合ヘッダの長さが固定されているため、ヘッダを除いたペイロード部分の長さのみがセットされています。

ネクストヘッダ

　ネクストヘッダは IPv6 ヘッダの後ろに続くヘッダを示す 8bit の情報です。IPv4 におけるプロトコルフィールドに当たります。IPv6 の場合は IPv6 ヘッダの後ろに拡張ヘッダが続くことがあり、その場合は拡張ヘッダを示す情報が入ります。

ホップリミット

　ホップリミットはホップ数の上限を表す 8bit のフィールドです。IPv4 では TTL というフィールドでしたが、IPv6 で名前が変更されました。ホップリミットの値が 0 になると、IPv6 パケットは破棄されます。

送信元 IPv6 アドレス／宛先 IPv6 アドレス

　送信元 IPv6 アドレス／宛先 IPv6 アドレスは名前の通り、パケットを送信した端末の IP アドレスと、最終的な宛先端末の IP アドレスをセットする 128bit のフィールドです。役割そのものは IPv4 のフィールドと大きくは変わりません。

13-4 IPv6 のパケットキャプチャの様子を見てみよう

　IPv6 パケットについては、IPv4 と違い環境の準備が必要になるため、皆さんの環境で必ず確認できるとは限りません。このため、今回は筆者が用意したキャプチャの内容確認に留めておきましょう。

　ご自身の環境で IPv6 が動作している、もしくは環境を用意できる方は実際にキャプチャしてみてください。

　さて、IPv4 と同じように IPv6 が設定されている端末で、ブラウザから Web サイトにアクセスしてみます。先ほど説明した通り、フィールドは多少 IPv4 ヘッダと異なりますが、キャプチャしたパケットの見方は特に変わりません。

●キャプチャして IPv6 ヘッダを確認しよう

【Download】13-2_ipv6_header.pcapng

14 IPv6アドレスのきほん

IPv4 アドレスに比べ、IPv6 アドレスは少々複雑に見えますが、役割としては大きくは変わりません。IPv4 にはなかった機能や役割などをしっかり押さえておきましょう。

14-1 枯渇問題を解決できるIPv6アドレス

IPv6 はアドレスが **128bit** と、IPv4 の 32bit と比較して 4 倍の長さになっています。4 倍とはいっても実際に使える IP アドレスの数は約 340 澗（約 340 兆 × 1 兆 × 1 兆）という天文学的な値になっています。

これだけの数があるため、IPv4 のアドレス枯渇問題を解決できる、というわけです。

14-2 IPv6アドレスの表記のきほん

さて、128bit ある IPv6 アドレスはどのように表記するのでしょうか。当然、2 進数のまま表記したのでは 128 桁になってしまい、とても人間には扱えません。また、IPv4 と同じように 10 進数で表記すると、桁数が多くなってしまうという問題もあります。

そこで、IPv6 では **128bit を 16bit ずつ：（コロン）で区切り、8 つのフィールドに分けてそれを 16 進数で表現します。**

2進数　0010010000001101 0000000000011010 0000100101100011 1001100000000000
　　　　0111000110100001 1111000100111001 0000101100111110 0001001011011001

←――――――――――――――――――――――――――――――――――→

128bit　　　　8ビットずつ:(コロン)で区切り
　　　　　　　　　16進数で表記する

16進数　240D ： 001A ： 0963 ： 9800 ： 71A1 ： F139 ： 0B3E ： 12D9

　しかしこれでも 32 文字とかなり長くなってしまいます。それを解消する
ため、IPv6 アドレスでは表記のルールが定められています。次のようなルー
ルで、IPv6 アドレスを省略して表記することが可能です。

省略表記ルール①　各フィールドの先頭の連続する 0 は省略できる

　各フィールドの先頭に 0 が続く場合、例えば 0011 であれば先頭にある 2
つの 0 を省略し、11 と表記することができます。

省略表記ルール②　0 のみのフィールドが複数続く場合は :: で表せる

　0 のみで構成されているフィールドが複数連続している場合は、それらを
まとめて :: と表記することができます。

　ただし、1 つの IPv6 アドレスの中でこの表記を使うことができるのは 1 度
だけです。該当する箇所が複数ある場合は、より多く省略できる箇所を省略
します。複数の箇所で、省略できるフィールドの数が一致している場合、よ
り先頭に近い箇所を省略します。

> **Point** IPv6 アドレスの表記方法②
>
> ● IPv6 アドレスの省略ルール①
>
> 240D ： 001A ： 0963 ： 9800 ： 71A1 ： F139 ： 0B3E ： 12D9
>
> ↓ フィールドの先頭に 0 が続く場合、省略できる
>
> 240D ： 1A ： 963 ： 9800 ： 71A1 ： F139 ： B3E ： 12D9
>
> ● IPv6 アドレスの省略ルール②
>
> 2001 ： DB8 ： 0000 ： 0000 ： 0000 ： 0000 ： 0000 ： 1
>
> 0 のみのフィールドが
> 続く場合、省略できる
>
> 2001 ： DB8 :: 1

省略表記ルール③　プレフィックスとインターフェース ID

　IPv6 アドレスはネットワークを表す**プレフィックス**と、ネットワーク内の端末を表す**インターフェース ID** で構成されています。プレフィックスは IPv4 アドレスのネットワーク部に、インターフェース ID は IPv4 アドレスのホスト部に該当します。また、プレフィックスとインターフェース ID の境界は、IPv4 と同じように / (プレフィックスのビット数) といった形で表します。IPv4 でいうところのサブネットマスクの CIDR 表記、プレフィックス表記と同じ表記です。

Point プレフィックスとインターフェース ID で構成される IPv6 アドレス

プレフィックスとインターフェース ID

240D : 1A : 963 : 2600 : 71A1 : F139 : B3E : 12D9 /64

プレフィックス　　　　　　　インターフェース ID

前から何 bit 目までがプレフィックスか表している
➡ DR 表記

IPv4 のサブネットマスクの CIDR 表記と同様です

14-3 IPv6 アドレスの 3 つの種類を覚えよう

　IPv6 アドレスは 3 つに分類することができます。**ユニキャストアドレス、マルチキャストアドレス、エニーキャストアドレス**です。それぞれ用途や使用できる範囲、アドレスの範囲などが定義されています。

ユニキャストアドレス

　ユニキャストアドレスはその名の通り、ユニキャスト通信で使用する IPv6 アドレスです。サーバとクライアント間の通信など、1 対 1 の通信ではユニキャストアドレスが用いられます。ユニキャストアドレスの中でも役割が定義されており、それぞれ**グローバルユニキャストアドレス、ユニークローカルアドレス、リンクローカルアドレス**といいます。

グローバルユニキャストアドレス

　グローバルユニキャストアドレスは IPv4 のグローバルアドレスに該当し、**インターネット上で一意であるアドレス**として定義されています。IPv4 のグローバルアドレス同様 ICANN に管理されており、自由に割り当てることは

できないようになっています。

　グローバルユニキャストアドレスは先頭 3bit が 001 と決められており、これは 16 進数で **2000::/3** と表記できます。グローバルユニキャストアドレスではプレフィックスがさらに 2 つに分かれており、グローバルルーティングプレフィックスとサブネット ID で構成されています。グローバルルーティングプレフィックスは ISP から割り当てられます。サブネット ID は組織内などで自由に割り当てることができます。基本的には上位 64bit がプレフィックス、下位 64bit がインターフェース ID になっています。

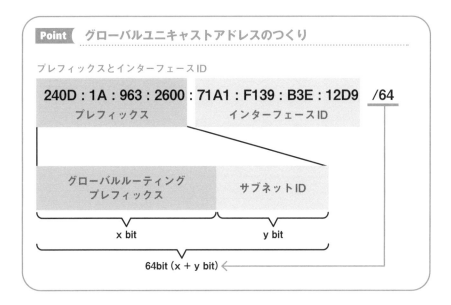

ユニークローカルアドレス

　ユニークローカルアドレスは IPv4 のプライベートアドレスに該当し、**組織内などで自由に割り当てることができる一意なアドレス**です。先頭 7bit は 1111110 と決められており、これは 16 進数で FC00::/7 と表記できます。より正確には 8bit 目も定義されており、0 の場合は未定義、1 の場合がユニークローカルアドレスとして用いられています。このため、実質的にユニークローカルアドレスは FD00::/8 になります。

続く 40bit はグローバル ID で、ランダムな値になるようになっています。その次の 16bit がサブネット ID です。サブネット ID はグローバルユニキャストアドレスと同じです。その後ろに 64bit のインターフェース ID が続きます。

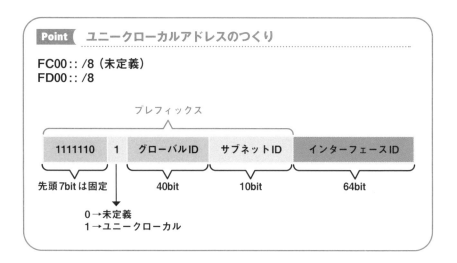

Point ユニークローカルアドレスのつくり

FC00::/8（未定義）
FD00::/8

プレフィックス

| 1111110 | 1 | グローバルID | サブネットID | インターフェースID |

先頭7bitは固定　　40bit　　10bit　　64bit

0→未定義
1→ユニークローカル

リンクローカルアドレス

　リンクローカルアドレスは 1 つのネットワーク内でのみ使える IPv6 アドレスです。ルーティングプロトコルや、NDP という IPv4 での ARP に相当するプロトコルなどで用いられています。

　リンクローカルアドレスは、先頭 10bit が 1111111010 と決められています。これは 16 進数で FE80::/10 と表記できます。11bit 目から 54bit 分は 0、その後ろに 64bit のインターフェース ID が続きます。

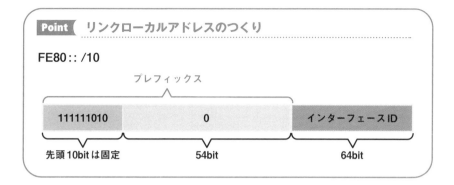

Point リンクローカルアドレスのつくり

FE80 :: /10

プレフィックス

111111010	0	インターフェース ID
先頭 10bit は固定	54bit	64bit

3つのユニキャストアドレスのそれぞれの範囲

　IPv6 では 1 つの NIC に複数の IPv6 アドレスを割り当てることができます。これらのアドレスを必要に応じて割り当て、使い分けることになります。

　グローバルユニキャストアドレス、ユニークローカルアドレス、リンクローカルアドレスの 3 つのアドレスは、ネットワーク上で用いられる範囲が異なります。

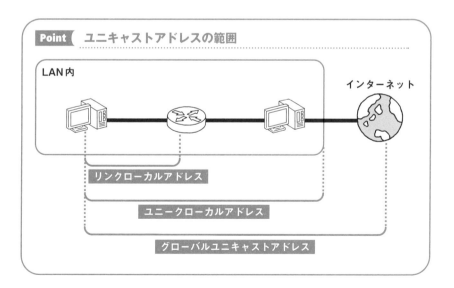

Point ユニキャストアドレスの範囲

LAN内

インターネット

リンクローカルアドレス

ユニークローカルアドレス

グローバルユニキャストアドレス

マルチキャストアドレス

　IPv4 のマルチキャストアドレスと同じように、IPv6 の**マルチキャストアド
レスも特定のグループに対して通信をする**場合に用いられます。IPv6 ではブ
ロードキャストアドレスが廃止され、その役割がマルチキャストアドレスに
引き継がれています。

　マルチキャストアドレスは先頭 8bit が全て 1、これを 16 進数で表記する
と FF00::/8 となります。続く 4bit をフラグ、その次の 4bit をスコープと呼
びます。残りの 112bit はグループ ID というマルチキャストグループを識別
する値が入ります。

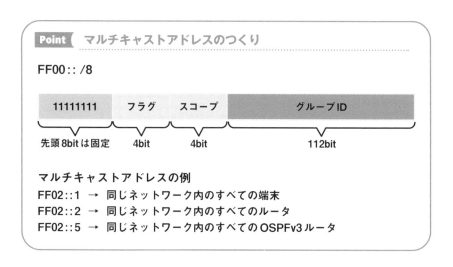

Point　マルチキャストアドレスのつくり

FF00:: /8

11111111	フラグ	スコープ	グループ ID
先頭 8bit は固定	4bit	4bit	112bit

マルチキャストアドレスの例
FF02::1　→　同じネットワーク内のすべての端末
FF02::2　→　同じネットワーク内のすべてのルータ
FF02::5　→　同じネットワーク内のすべての OSPFv3 ルータ

エニーキャストアドレス

　エニーキャストアドレスは特殊なアドレスです。複数の端末に同じグロー
バルユニキャストアドレスを設定し、エニーキャストアドレスであることを
明示的に設定すると、エニーキャストアドレスとして動作します。

　エニーキャストアドレス宛てに通信を行うと、**複数の端末の中でネットワー
クの経路上最も近い端末が通信を返します**。エニーキャストアドレスは、応
答速度の向上などを目的に用いられます。

問題 1

データリンク層のプロトコルである Ethernet で定義されているアドレスはどれですか？

① IP アドレス

② MAC アドレス

③ ポート番号

④ プロトコル番号

問題 2

IPv4 ヘッダのフィールドとして正しいものはどれですか？

① 宛先ポート番号

② タイプ

③ 送信元 IP アドレス

④ コントロールフラグ

問題 3

IPv6 リンクローカルアドレスについて、正しい記述はどれですか？

① 端末に割り当てられないアドレスである。

② IPv4 のプライベートアドレスと同様のアドレスである。

③ インターネット上で一意なアドレスである。

④ 1 つのネットワーク内でのみ使えるアドレスである。

解 答

問題 1 解答

正解は、②の MAC アドレス。

データリンク層のプロトコルである Ethernet では、MAC アドレスを定義しています。MAC アドレスは機器のインターフェースにメーカーなどから出荷する際に設定されるアドレスであり、物理アドレスともいわれます。

問題 2 解答

正解は、③の送信元 IP アドレス。

IPv4 ではアドレスとして IPv4 アドレスを使用しており、IPv4 ヘッダには送信元 IP アドレス / 宛先 IP アドレスが含まれています。ポート番号は TCP/UDP ヘッダ、タイプは Ethernet ヘッダ、コントロールフラグは TCP ヘッダのフィールドです。

問題 3 解答

正解は、④の「1 つのネットワーク内でのみ使えるアドレスである。」

IPv6 リンクローカルアドレスは、ユニキャストアドレスの中でも 1 つのネットワーク内でしか使えないアドレスとして定義されています。

第3章 通信の信頼性を支えるプロトコルのきほん

TCPのきほん

第3章 通信の信頼性を支えるプロトコルのきほん

**TCP は通信の信頼性を支える重要なプロトコルです。現在の通信の 8
割ほどが TCP を使っているといわれています。**

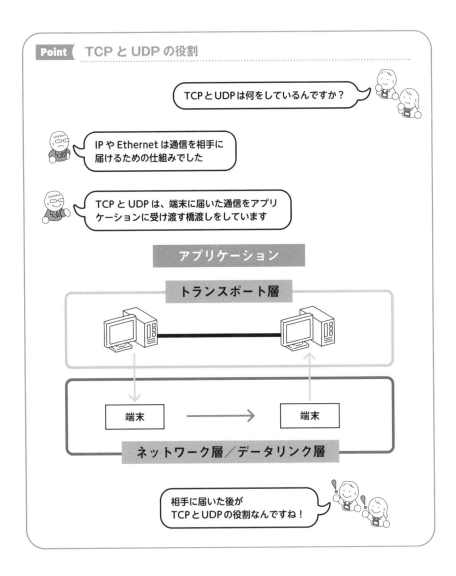

15-1 トランスポート層の役割とは？

トランスポート層には、**TCP** と **UDP** という 2 つの代表的なプロトコルが存在します。それぞれ異なった特徴を持ち、アプリケーションは通信の特性にあったプロトコルを選択し、通信を行っています。

TCP と UDP に共通するトランスポート層の役割として、**上位層のプロトコルを識別するための番号**を定義する、というものがあります。

TCP/IP では、アプリケーションプロトコルがサービスを提供する際の 1 つのモデルとして、クライアントサーバモデルがあります。サーバはサービスを提供する側、クライアントはサービスを受ける側です。クライアントはサーバに対してサービスを要求し、サーバはクライアントからの要求を受けてサービスを提供します。

例えば、私たちが何かしらの Web サイトにアクセスする際は、私たちの使う端末およびブラウザがクライアント、その Web サイトを提供している端末がサーバ（Web サーバ）になります。

ポート番号の役割

クライアントがサーバにサービスを要求するためには、サーバにあたる端末内の特定のアプリケーションに対して通信を行わなければなりません。データリンク層、ネットワーク層の機能で、通信を宛先の端末まで届けることができました。では、宛先の端末内のどのアプリケーションに届けるかはどのように判断しているのでしょうか。これを判断するための情報が**ポート番号**です。

トランスポート層のプロトコルである TCP と UDP はヘッダに宛先と送信元のポート番号をセットするフィールドを持ち、送信側では通信相手のポート番号を宛先ポート番号に、自身の OS が一定の範囲からランダムに定めたポート番号を送信元ポート番号にそれぞれセットして、データを送信します。受信側は受け取った TCP/UDP ヘッダ内の宛先ポート番号を見て、どのアプリケーション宛ての通信かを判断して、アプリケーションに渡します。

3

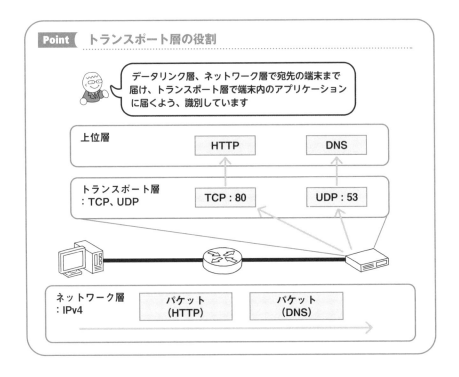

Point トランスポート層の役割

データリンク層、ネットワーク層で宛先の端末まで
届け、トランスポート層で端末内のアプリケーション
に届くよう、識別しています

上位層　HTTP　DNS

トランスポート層
: TCP、UDP　TCP : 80　UDP : 53

ネットワーク層
: IPv4　パケット
（HTTP）　パケット
（DNS）

15-2　ポート番号はアプリケーションのアドレス

　データリンク層に MAC アドレスが、ネットワーク層に IP アドレスがある
ように、トランスポート層では端末内のアプリケーションを識別するための
値が定義されています。それが**ポート番号**です。ポート番号はアプリケーショ
ンと紐づいており、ポート番号を見ればその通信がどのアプリケーションに
向けたものなのか判別することができます。いわば、アプリケーションのア
ドレスのようなものです。
　一般的に、1 台の端末内では複数のアプリケーション、サービスが動作し
ています。例えば Web サーバであれば、Web ページを提供するための
Web サーバの機能、サーバにアクセスし操作するための SSH サーバの機能、
メールを送信するための SMTP サーバの機能など、1 つのサーバが複数の機

能を持ち、同時に動作させています。

　1台の端末はデータリンク層では MAC アドレスで、ネットワーク層では IP アドレスでネットワーク上の1台の端末として識別され、通信の宛先となります。ただし、端末までデータが届いたとしても、それが Web のアクセスなのか SSH のアクセスなのか、アプリケーションを判別する必要があります。そのため、あらかじめ各アプリケーションに紐づくポート番号が定義されています。

1つの端末内でどこに届ければいいか判別できるようになっているんですね

その通りです。サーバでもネットワーク機器でも、私たちが使っている PC でも、仕組みは同じです

ポート番号にはどんな番号があるんですか？ 80番や22番は仕事で扱ったことがあるんですが……

それでは、ポート番号の種類とそれぞれの役割を見てみましょう

15-3 ポート番号の種類を学ぼう

　ポート番号はアプリケーション層のアプリケーションやプロトコルを識別するための 2byte の値です。ポート番号は **System Ports**（Well-known Port Numbers）、**User Ports**（Registered Port Numbers）、**Dynamic and/or Private Ports** の3種類に分類されています。それぞれの役割を確認していきましょう。

System Ports

　System Ports（Well-known Port Numbers）は IANA（Internet Assigned Numbers Authority）で管理されており、**0** から **1023** までの番

号が割り当てられています。一般的によく使われるサーバアプリケーション
と紐づいており、例えば TCP の 80 番であれば Web サーバとブラウザとの
やり取りで使用される HTTP、TCP の 22 番であれば安全にリモート通信す
るための SSH、と割り当てられています。0 〜 1023 の番号については**ポー
ト番号とプロトコルが明確に紐づけられている**ため、これらを別の役割に用
いることは基本的にはできません。

　IANA で管理されているポート番号は次の URL から確認することができ
ます。

・Service Name and Transport Protocol Port Number Registry
https://www.iana.org/assignments/service-names-port-numbers/
service-names-port-numbers.xhtml

　代表的なポート番号とプロトコルの割り当ては次の通りです。

Point	代表的なポート番号とプロトコルの割り当て	
ポート番号	**TCP**	**UDP**
20, 21	FTP	
22	SSH	
23	Telnet	
25	SMTP	
53	DNS	DNS
67, 68		DHCP
80	HTTP	
110	POP3	
123		NTP
143	IMAP4	
443	HTTPS	HTTPS（QUIC）

Users Ports

User Ports（Registered Port Numbers）は System Ports と同様に IANA で管理されており、**1024** から **49151** までの番号が割り当てられています。User Ports は各メーカーが開発したサーバアプリケーションと紐づけられています。

Dynamic and/or Private Ports

Dynamic and/or Private Ports は IANA で管理されていない番号です。**49152** から **65535** までのポート番号が該当します。

クライアント側のアプリケーションが通信を開始するとき、OS が送信元ポート番号としてこれらの番号の中からランダムに割り当てて使います。その際、OS は自身の中で動く複数のサービスに対して、送信元ポート番号に重複が発生しないように番号を割り当てます。サーバ側から通信が返ってくる際は、送信元ポート番号として割り当てた番号に対して通信が返ってくることになります。

Point ポート番号の分類

種類	ポート番号の範囲	用途
System Ports（Well-known Port Numbers）	0 〜 1023	・一般的なサーバ側アプリケーションに割り当てられている ・IANA で正式に登録されている
User Ports（Registered Port Numbers）	1024 〜 49151	・独自のアプリケーションに割り当てられている ・IANA で正式に登録されている
Dynamic and/or Private Ports	49152 〜 65535	・クライアント側で動的に割り当てて使用する ・IANA で登録されていない

通信の信頼性を支えるプロトコルのきほん

119

ルータやファイアウォールなどの設定で
登場するポート番号の中には、1023 まで
の番号をよく見かけますね

1023 までは用途が決まっています

Web でのアクセスについての設定、SSH での
アクセスについての設定といった感じで、1023
までのポート番号は特定の通信に対して設定を行
う際に登場することが多いです

15-4 TCP の特徴を把握しておこう

　TCP はトランスポート層の通信プロトコルの 1 つです。トランスポート層
としてポート番号を定義し、通信をアプリケーションに繋ぐ役割のほか、**通
信の信頼性を確保する**機能や**通信効率の最適化**などの機能を持っています。
　データを確実に送り届けるためには様々な制御が必要になります。データ
が届いたことを確認する確認応答、データの欠損やパケットの喪失に備えた
再送制御、通信効率を上げるウィンドウ制御、ネットワークの混雑解消のた
めの輻輳制御など、後述する UDP と比較して多くの機能を備えています。

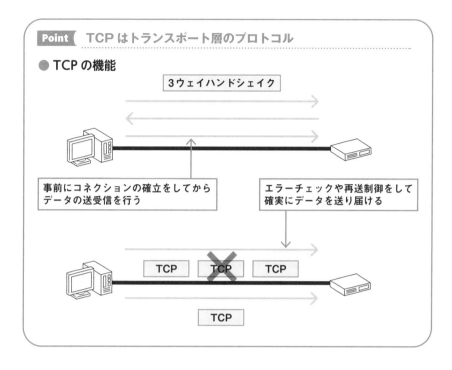

● TCP の機能

3ウェイハンドシェイク

事前にコネクションの確立をしてから
データの送受信を行う

エラーチェックや再送制御をして
確実にデータを送り届ける

TCP TCP TCP

TCP

　TCP は**コネクション型**のプロトコルです。コネクションとは、ネットワークを使って通信を行うアプリケーション間で通信をするための、論理的な通信経路のことです。TCP ではアプリケーションから受け取ったデータを送信する際にコネクションを作成し、通信経路を整えてからデータを送信しています。

　コネクションを開始するための 3 ウェイハンドシェイク、コネクション管理のためのフラグなどの機能が定義されています。

3

通信の信頼性を支えるプロトコルのきほん

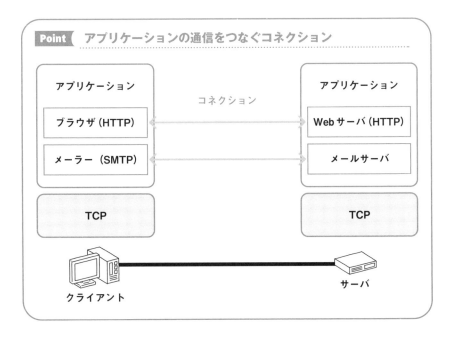

Point アプリケーションの通信をつなぐコネクション

アプリケーション

ブラウザ (HTTP)

メーラー (SMTP)

コネクション

アプリケーション

Web サーバ (HTTP)

メールサーバ

TCP

TCP

クライアント

サーバ

Point TCP の特徴

● コネクション型プロトコル

● ３ウェイハンドシェイクや ACK による受信確認、再送制御などによる高い信頼性

● フロー制御や輻輳制御による通信効率の最適化

16 TCPヘッダフォーマットのきほん

**TCP のヘッダは UDP や他のプロトコルと比べて少々複雑です。まず
は重要なポイントから押さえていきましょう。**

16-1 TCP のヘッダフォーマットを見てみよう

　アプリケーション層から降りてきたデータに TCP ヘッダを加えてカプセル
化したものを**セグメント**と呼びます。TCP は多くの機能を利用して信頼性の
担保や通信効率の最適化などを行っており、それらを可能にするためにヘッ
ダは多くの情報を含んでいます。
　各フィールドについて確認していきましょう。

Point　TCP ヘッダフォーマット

送信元ポート番号、宛先ポート番号

　送信元ポート番号と**宛先ポート番号**は上位層のプロトコルを示すために用いられる値で、16bit のフィールドです。クライアントからサーバに対して通信を行う場合、クライアント側では通信をする際に一定の範囲内からランダムに決めた値を送信元ポート番号としてセットします。そしてアプリケーションに紐づけられた値を宛先ポート番号としてセットします。サーバ側では、受け取ったヘッダの宛先ポート番号を確認し、サーバ内のどのアプリケーションが通信相手なのかを判断します。

シーケンス番号

　シーケンス番号はTCP セグメントのデータ全体における位置を示すための、32bit のフィールドです。送信側の端末でアプリケーションから受け取ったデータの 1byte ずつに対して、通し番号を付与します。先頭に付与するのが**初期シーケンス番号**で、そこから連番で付与していきます。TCP セグメントを送信するたびに、送信したセグメントのバイト数ずつ加算します。

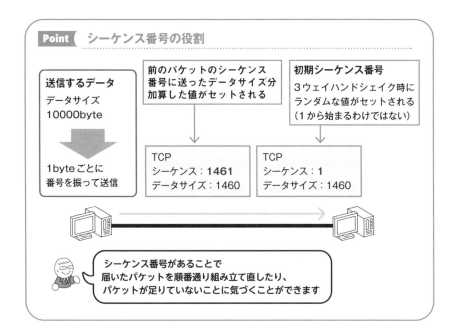

Point　シーケンス番号の役割

送信するデータ
データサイズ
10000byte

1byte ごとに
番号を振って送信

前のパケットのシーケンス
番号に送ったデータサイズ分
加算した値がセットされる

TCP
シーケンス：**1461**
データサイズ：1460

初期シーケンス番号
3 ウェイハンドシェイク時に
ランダムな値がセットされる
（1 から始まるわけではない）

TCP
シーケンス：**1**
データサイズ：1460

シーケンス番号があることで
届いたパケットを順番通り組み立て直したり、
パケットが足りていないことに気づくことができます

確認応答番号

　確認応答番号は、次に受信するはずのデータのシーケンス番号を示す 32bit のフィールドです。送信側から受け取ったシーケンス番号に受け取ったデータのサイズを足したもの、つまり次に届くデータの先頭のシーケンス番号がセットされます。

　受信側から送信側に対して、「次はこのシーケンス番号のデータが来ますよね？」と問いかけるようなイメージを持つとわかりやすいかもしれません。

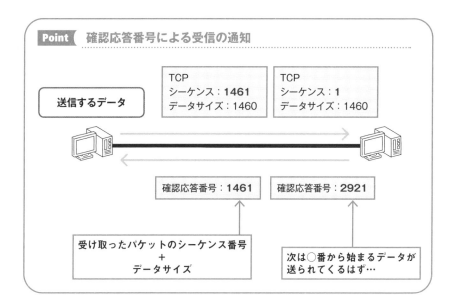

　シーケンス番号と確認応答番号をセットで用いることで、受信側では**届いたデータが欠けていないかどうかの確認**や**順序の並べ替え**などができ、送信側では受信側に**正しくデータが届いたかどうかの確認**をすることができます。シーケンス番号と確認応答番号は TCP の通信の信頼性を確保するためになくてはならない番号です。

データオフセット

　データオフセットは TCP ヘッダ自体の大きさを表す 4bit のフィールドです。IP ヘッダのヘッダ長と同様に、ヘッダの大きさを 4byte 単位に換算した

3

通信の信頼性を支えるプロトコルのきほん

値が入ります。オプションのつかない TCP ヘッダは 20byte なので、5 という値がセットされます。

TCP を将来的に拡張することを考えて設けられている 3bit のフィールドです。現在は使われていませんので、0 で埋められています。

コントロールフラグ

コントロールフラグはコネクションの状態を制御するための 9bit のフィールドです。9 つのビットが 1 つずつ意味を持っており、どのフラグが立っているかを 1 か 0 で表します。例えば、コネクションを確立させるために初めに送る SYN パケットであれば 8bit 目が 1 の状態の TCP セグメントを送信しています。

Point 代表的な TCP のフラグ

フラグ	役割
SYN フラグ (Synchronize Flag)	コネクションの確立の際に使われる。SYN フラグが 1 の場合、コネクションを確立するという目的を表す。Synchronize は同期という意味で、送信側と受信側双方のシーケンス番号と確認応答番号を同期させるというもの
ACK フラグ (Acknowledgement Flag)	確認応答に使われる。ACK フラグが 1 の場合、確認応答番号のフィールドに値が入っていることを表す。コネクションを確立する最初の SYN パケット以外の TCP セグメントでは、常に ACK フラグが 1 になっている
FIN フラグ (Fin Flag)	コネクションを切断する際に用いられる。FIN フラグが 1 の場合、データを送信し終わり、コネクションを切断したいという目的を表している。通信が終了し、コネクションを切断する場合は双方で FIN フラグに 1 がセットされた TCP セグメントを交換し合い、互いに確認応答が返るとコネクションが切断される

ウィンドウサイズ

ウィンドウサイズは受信可能なデータサイズを通知するための 16bit の
フィールドです。端末が一度に受け取れるデータサイズには限度があります。
そこでウィンドウサイズを使って現在どのくらいのデータサイズを受け取れ
るのかを通知します。送信側は、相手からきたウィンドウサイズ以上のデー
タを送らないように調整します。

チェックサム

チェックサムは受信した TCP セグメントの整合性をチェックするための
16bit のフィールドです。IPv4 ヘッダのチェックサムと同様の方法で算出し
た値をチェックサムフィールドにセットします。

緊急ポインタ

緊急ポインタは、コントロールフラグの URG が 1 の場合のみ有効になる
16bit のフィールドです。緊急を要するデータがあった場合、緊急データを
示すシーケンス番号がセットされます。

オプション

オプションは、TCP による通信の性能を向上させることを目的に使われる
拡張機能を示すフィールドです。サイズは可変で、32bit 単位で変動します。

パディング

パディングは TCP ヘッダの大きさを 32bit 単位に調整するために使われる
フィールドです。空データを表す 0 をセットします。

通信の信頼性を支えるプロトコルのきほん

このように TCP のヘッダは多くの
フィールドで構成されています

 全て覚えるのは難しそうですね……

 いきなり全て覚える必要はないですよ

 ポート番号やシーケンス番号と確認応答番号、
コントロールフラグなど、通信を制御する重要
な項目から覚えていきましょう

17 TCPコネクションの流れ

TCPではコネクションを確立したうえで通信を行っています。コネクション確立の流れや、データ送信にまつわる機能をチェックしておきましょう。

17-1 TCPコネクションの確立・終了のきほん

　特徴のところで挙げたように、TCPには通信の信頼性を保ったり、通信効率を向上したりするための様々な機能が定義されています。全ての機能を把握するのはとても難しいですが、重要な機能はある程度理解しておく必要があります。まずはTCPコネクションについて見ていきましょう。

TCPコネクション

　TCPでは通信を開始する際に、通信を行う端末内のアプリケーション間で**TCPコネクション**という論理的な経路を確立しています。双方のアプリケーション間にデータを送受信する直通のパイプを用意してデータをやり取りしている、とイメージするといいかもしれません。

　TCPではコネクションが確立したのち、コネクションを用いて通信を行います。通信が全て完了したらコネクションを閉じ、通信を終了します。

コネクションの確立

　TCPのコネクションでは、まず**3ウェイハンドシェイク**でコネクションを確立します。簡単にいうと、通信を始める前の挨拶、声掛けのようなものになります。3ウェイハンドシェイクの流れを見てみましょう。

　3ウェイハンドシェイクを始める前は、クライアントのアプリケーションは**CLOSED**、サーバは**LISTEN**と呼ばれる状態になっています。クライアント−サーバ型の仕組みでは、基本的に通信はクライアント側から始まります。サーバは常にどこかのクライアントから送られてくる通信を待っているわけです。その待機している状態がLISTENです。

例えば Web サーバであれば、クライアントであるブラウザからの通信を、80番ポートを開放した **LISTEN** の状態で待っています。クライアント側では自分が通信を開始しない限り通信は始まらないので、コネクションが閉じた状態、**CLOSED** という状態になります。

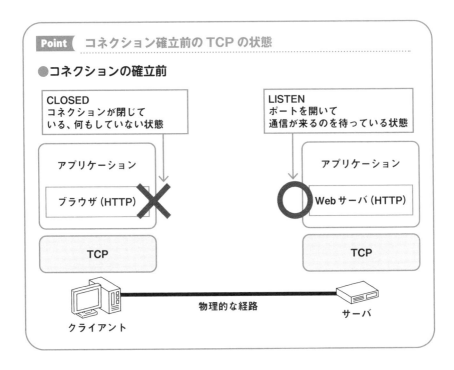

Point コネクション確立前の TCP の状態

●コネクションの確立前

CLOSED
コネクションが閉じて
いる、何もしていない状態

LISTEN
ポートを開いて
通信が来るのを待っている状態

アプリケーション

ブラウザ (HTTP)

アプリケーション

Web サーバ (HTTP)

TCP

TCP

物理的な経路

クライアント

サーバ

　ここからコネクションの確立のため3ウェイハンドシェイクを行います。次の図に示すように、3ウェイハンドシェイクでは、①クライアントからサーバに対して最初の声掛けを行い、②それに対してサーバから返答があり、③さらにそれに対してクライアントからサーバに返答するという3つのやり取りで構成されています。

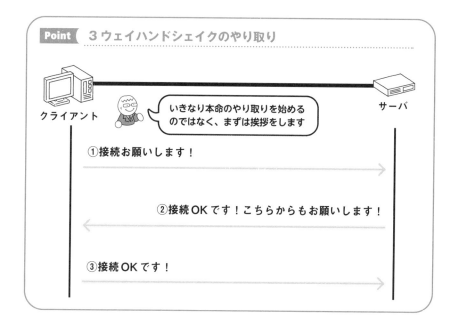

Point 3 ウェイハンドシェイクのやり取り

クライアント

サーバ

いきなり本命のやり取りを始める
のではなく、まずは挨拶をします

①接続お願いします！

②接続 OK です！こちらからもお願いします！

③接続 OK です！

詳細な流れは次のようになります。

① クライアントから **SYN フラグ**に 1 を、**シーケンス番号**にランダムな初期
値をセットした **SYN パケット**をサーバに対して送信します。

② クライアントから SYN パケットを受け取ったサーバは、SYN フラグと
ACK フラグに 1 をセット、シーケンス番号には SYN パケットとは別のラ
ンダムな値をセットし、**確認応答番号**には受け取ったシーケンス番号に 1
足した値をセットした SYN/ACK パケットを作成し、クライアントに返し
ます。

③ サーバから SYN/ACK パケットを受け取ったクライアントは、ACK フラ
グに 1 をセットした ACK パケットをサーバに返します。この際のシーケ
ンス番号は自身が投げた SYN パケットのシーケンス番号に 1 足した値を、
確認応答番号はサーバから受け取った SYN/ACK パケットのシーケンス番
号に 1 足した値をセットします。

④ 双方が投げた SYN に対する ACK を受け取って、コネクションの確立が完了します。これで双方のアプリケーションで実際のデータを送受信できるようになります。手間はかかりますが、コネクションの確立を行うことで通信を届けたい相手までの論理的な経路が作られるので、その後の本命のデータを確実に届けることができるようになります。

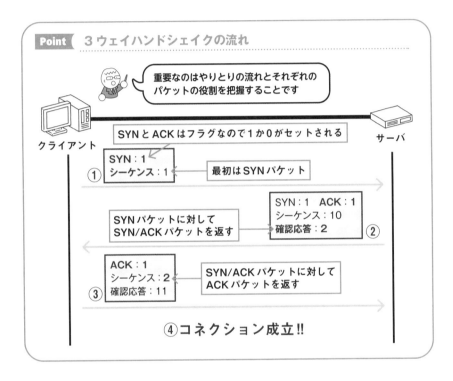

Point　3 ウェイハンドシェイクの流れ

重要なのはやりとりの流れとそれぞれのパケットの役割を把握することです

クライアント　　　　　　　　　　　　　　　　サーバ

SYN と ACK はフラグなので1か0がセットされる

① SYN：1
シーケンス：1　←　最初は SYN パケット

② SYN：1　ACK：1
シーケンス：10
確認応答：2

SYN パケットに対して
SYN/ACK パケットを返す

③ ACK：1
シーケンス：2
確認応答：11　←　SYN/ACK パケットに対して
ACK パケットを返す

④コネクション成立!!

Point　TCP のコネクション

TCP では、
● 3 ウェイハンドシェイクでコネクションオープン
● コントロールフラグでコネクションの状態管理
を行っている

流れがちょっと複雑ですね…

いろんなパラメータが出てきて、
混乱しやすいかもしれませんね

ここは理解が難しいところなので、ざっくりと
流れを確認しておけば大丈夫です

TCP ヘッダのフィールドと合わせて
覚えるようにします！

17-2 データ送信に関する機能を学ぼう

　コネクションが確立できたらアプリケーションのデータ送信が始まります。データ送信の信頼性を維持するための仕組みとして、**確認応答**と**再送制御**、**フロー制御**などを用いてデータ送信を行っています。

確認応答と再送制御

　TCP では、受信側がデータを受け取った際、送信側に対してデータを受信したことを通知します。これが**確認応答**です。TCP ヘッダで解説した**確認応答番号**を使うことで、送信側では自身が送ったデータを相手がどこまで受信できているかを確認することができます。確認応答が返ってこなければ、データが途中で失われた可能性が出てきます。

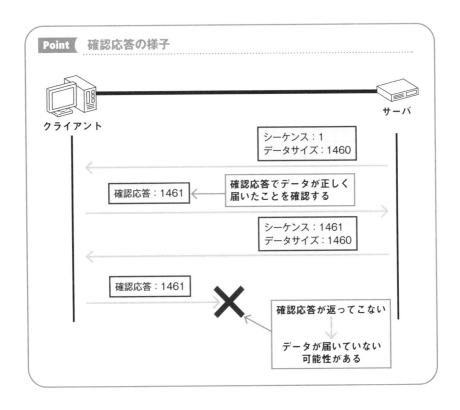

Point 確認応答の様子

クライアント

サーバ

シーケンス：1
データサイズ：1460

確認応答：1461

確認応答でデータが正しく
届いたことを確認する

シーケンス：1461
データサイズ：1460

確認応答：1461

確認応答が返ってこない

データが届いていない
可能性がある

　一定時間確認応答が返ってこなかった場合、データを再送信します。これ
が**再送制御**です。再送制御は、**重複 ACK** と**再送タイムアウト**という 2 種類
の方法で再送の必要性を判断して行います。

　重複 ACK は、受信側から確認応答番号が同じ ACK パケットを複数回受け
取った場合です。受信側では、受信したシーケンス番号が部分的に欠けてい
る場合、受信できたところまでの確認応答を連続して返します。送信側では、
同じ ACK パケットが複数回届くことで再送が必要な状態であることを把握
し、パケットの再送を行います。

　再送タイムアウトは、送信側で一定時間内に ACK が返ってこなかった場合
です。送信したシーケンス番号に対して確認応答が一定時間返ってこなかっ
た場合、再送タイムアウトとしてパケットの再送を行います。再送タイムア
ウトと判断されるまでの時間のことを**再送タイマー**といいます。

一般的に再送タイムアウトでの再送制御に比べて重複 ACK の再送制御のほうが高速になるため、重複 ACK による再送制御のことを**高速再送制御**といいます。

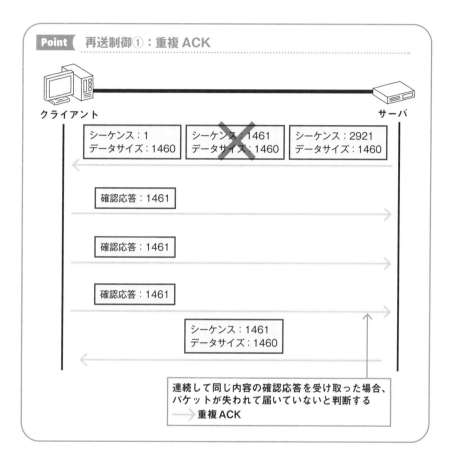

Point　再送制御①：重複 ACK

クライアント　　　　　　　　　　　　　　　　　　　　サーバ

シーケンス：1
データサイズ：1460

シーケンス：1461
データサイズ：1460

シーケンス：2921
データサイズ：1460

確認応答：1461

確認応答：1461

確認応答：1461

シーケンス：1461
データサイズ：1460

連続して同じ内容の確認応答を受け取った場合、パケットが失われて届いていないと判断する
→ 重複 ACK

3

通信の信頼性を支えるプロトコルのきほん

135

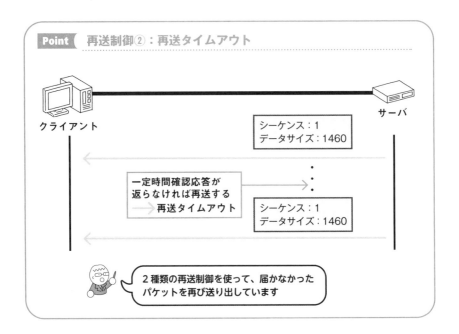

再送制御②：再送タイムアウト

クライアント

サーバ

シーケンス：1
データサイズ：1460

一定時間確認応答が
返らなければ再送する
　→ 再送タイムアウト

シーケンス：1
データサイズ：1460

2種類の再送制御を使って、届かなかった
パケットを再び送り出しています

ウィンドウ制御

　上記の通り、TCP では送った 1 セグメントごとに確認応答が返ってきます。しかし、1 セグメントごとに 1 つ確認応答が返ってきてから次のパケットを送る、という手順でデータを送っていては、全てのデータを送り切るまでに時間がかかってしまいます。

　そこで 1 セグメントごとに確認応答を待つのではなく、いくつかのセグメントを次々と送り、受信側では複数のセグメントに対してまとめて確認応答を返す、という方法を採っています。こうすることで通信効率を向上させることができます。

　確認応答を待たずに一度に送信できるデータ量のことを**ウィンドウサイズ**といいます。ウィンドウサイズは受信側から送信側に向けて、一度に受け取れる量を 3 ウェイハンドシェイクの際に TCP ヘッダのウィンドウサイズフィールドで通知しています。ウィンドウサイズを用いて送受信するデータ量を制御する手法を、**ウィンドウ制御**といいます。

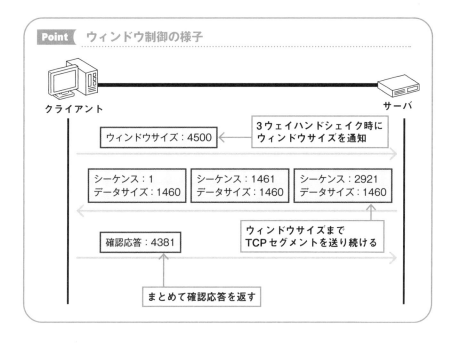

クライアント　　　　　　　　　　　　　　　　　　　　サーバ

3ウェイハンドシェイク時に
ウィンドウサイズを通知

ウィンドウサイズ：4500

シーケンス：1
データサイズ：1460

シーケンス：1461
データサイズ：1460

シーケンス：2921
データサイズ：1460

確認応答：4381

ウィンドウサイズまで
TCPセグメントを送り続ける

まとめて確認応答を返す

3

通信の信頼性を支えるプロトコルのきほん

フロー制御

　データを送信する側では、自身のアプリケーションの都合でデータを送信します。受信側では、処理が重なり受け取りきれない量のデータが送られてくると、取りこぼしてしまうパケットが発生してしまいます。

　これを防ぐために、受信側はヘッダ内のウィンドウサイズフィールドを使って、その時点で受信できるデータの許容量を送信側に再び通知します。送信側は、3ウェイハンドシェイク時に通知された相手のウィンドウサイズまで次々データを送っていきますが、新たにウィンドウサイズの通知が来るとそれ以上はデータを送らず、確認応答を待つようにします。

　このように受信側のウィンドウサイズに合わせてデータの送信量を調節することを**フロー制御**といいます。

137

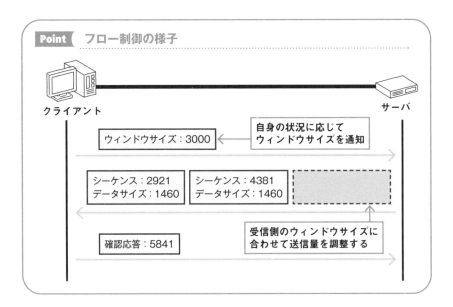

Point フロー制御の様子

クライアント　　　　　　　　　　　　　　　　　　　　サーバ

ウィンドウサイズ：3000　←　自身の状況に応じて
　　　　　　　　　　　　　　ウィンドウサイズを通知

シーケンス：2921　｜　シーケンス：4381
データサイズ：1460　｜　データサイズ：1460

確認応答：5841　　　受信側のウィンドウサイズに
　　　　　　　　　　合わせて送信量を調整する

 TCP にはここで紹介したものだけでなく、通信の
制御に関する様々な定義がなされています

 どれも通信を効率よく確実に
行うために必要なものです

ただデータを送受信するだけでは、通信が
うまくいくとは限らないんですね

 ただ相手を指定して届けるだけなら、IP や Ethernet
で足ります。でも、それだけだと失われてしまう通信が
出てきたり、効率よく届けられなかったりするんです

 そういった部分を TCP がカバーしています

18 TCPをパケットキャプチャしてみよう

実際に TCP のパケットをキャプチャして、ヘッダの各フィールドの役割などを確認していきましょう。

18-1 TCPをパケットキャプチャしてみよう

では、実際にパケットをキャプチャして TCP ヘッダを確認してみましょう。Ethernet のときと同じように、Wireshark でキャプチャを開始した状態でブラウザからどこかにアクセスしてみてください。

TCP ヘッダを確認しよう

キャプチャしたパケットのどれか 1 つをクリックし、画面下のパケット詳細を見てみましょう。上から 4 段目に、「Transmission Control Protocol, …」という項目があると思います。その欄をクリックすると、TCP ヘッダの詳細が表示されます。

内容は次の図の通りです。以前紹介した TCP ヘッダの内容と同じものが並んでいるのがわかると思います。各項目の中身は皆さんの環境によって異なりますが、ヘッダの項目そのものは定義されているため、基本的には変わりません。

今回キャプチャしたパケットは、3 ウェイハンドシェイクの先頭パケットなので、SYN フラグに 1 がセットされています。このように、キャプチャした際のコネクションの状態に応じたフラグがコントロールフラグにセットされます。

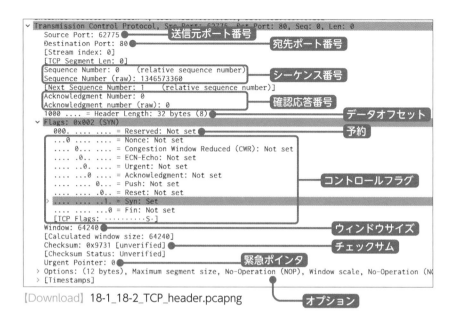

【Download】 18-1_18-2_TCP_header.pcapng

3 ウェイハンドシェイクの様子

次に、3 ウェイハンドシェイクの様子を確認してみましょう。

次の図のように、キャプチャした TCP の中で先頭のパケットを見てみます。関係ないパケットが表示されて見づらければ、第 1 章で紹介した表示フィルタを使って整理してみてください。

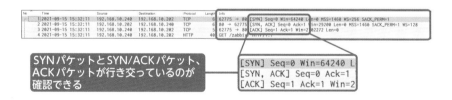

先頭 3 パケットを見てみましょう。パケットを選択して下部で詳細を確認するか、上部の Info 欄で簡易的に内容を確認します。SYN フラグのみ 1 がセットされた SYN パケット、SYN と ACK に 1 がセットされた SYN/ACK パケット、ACK フラグのみに 1 がセットされた ACK パケットの 3 パケットが行き

来しているのが確認できるかと思います。

　これが3ウェイハンドシェイクです。3ウェイハンドシェイクの後、4パケット目には実際のデータのやり取りが行われていることも確認できます。

トランスポート層のヘッダも、Ethernet や IP
と同様にパケットキャプチャをすることで
確認することができます

シーケンス番号や確認応答番号、コントロールフラグなど
のフィールドをチェックすることで、そのパケットの状態
やコネクションの状態を判断することができるんですね

トラブルが起きたとき、TCP のヘッダに解決の
糸口が隠れていることもあるんですよ

19 UDPのきほん

UDP は TCP と同じくトランスポート層のプロトコルです。TCP とは異なる特徴があります。しっかり押さえておきましょう。

19-1 UDP はシンプルで高速

トランスポート層は TCP で
十分のように思うんですが……

もちろん TCP だけでも通信そのものは可能です。
でも、UDP は TCP と明確に違う使われ方をする
プロトコルなんです

両者の違いを、ここできちんと学んでおきましょう

　TCP は通信の信頼性を重要視したコネクション型のプロトコルです。それに対し、**UDP**（User Datagram Protocol）は信頼性の担保などは行わない**コネクションレス型**のプロトコルです。TCP の機能である輻輳制御や再送制御などのような複雑な制御は一切行わず、シンプルな処理で高速に動作するトランスポート層のプロトコルです。

> **Point** UDP の特徴
>
> ● 通信に対する信頼性が低い
> ● 転送速度が高い
> ● 1 対多の通信に向いている

TCP は 3 ウェイハンドシェイクを用いてコネクションを確立したうえで、通信を行います。届かなかったパケットがあれば再送制御を行い、フロー制御や輻輳制御といった通信の信頼性、効率化のための制御を行っています。UDP にはそういった処理はありません。

　信頼性よりもとにかく速くデータを送り届けることに着目し、**即時性**（リアルタイム性）が求められる状況で用いられることが多いプロトコルです。

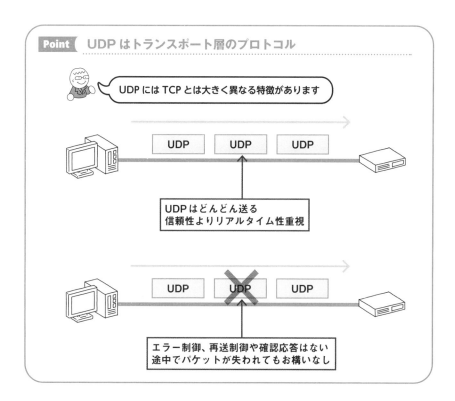

19-2 UDP のヘッダフォーマットを見てみよう

　トランスポート層で扱う PDU をセグメント、もしくはデータグラムといいますが、アプリケーション層から降りてきたデータに UDP ヘッダを加えたものを**データグラム**と呼びます。UDP のヘッダは TCP と比べ非常にシンプル

です。転送処理を高速にするため、余計な要素を省いたものになっています。

　UDP のヘッダは**送信元ポート番号**、**宛先ポート番号**、**UDP データグラム長**、**チェックサム**の 4 つで構成されています。UDP ヘッダは TCP のヘッダと比較すると、かなりシンプルな構造になっているのがわかると思います。

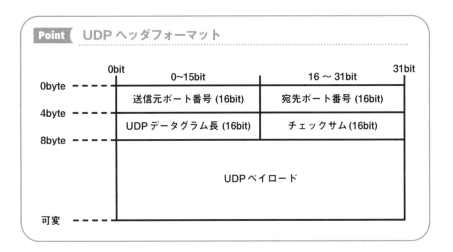

送信元ポート番号／宛先ポート番号

　ポート番号については、基本的には TCP と同様です。

UDP データグラム長

　UDP データグラム長は UDP ヘッダとペイロードを合わせた長さを表す値で、2byte のフィールドです。

チェックサム

　チェックサムは受信した UDP データグラムの整合性をチェックするための 2byte のフィールドです。TCP ヘッダのチェックサムと同様に、チェックサムを算出してチェックサムフィールドにセットしています。

19-3 TCPとUDPの違いを知り、使い分けよう

15-4 で説明した通り、TCP には次のような特徴があります。

- コネクション型プロトコル
- 3 ウェイハンドシェイクや ACK による受信確認、再送制御などによる高い信頼性
- フロー制御や輻輳制御による通信効率の最適化

UDP の特徴は **19-2** で説明した通りです。TCP と UDP の違いを簡単にまとめておきましょう。

Point TCP と UDP の違い

項目	TCP	UDP
通信方式	コネクション型	コネクションレス型
信頼性	高い	低い
転送速度	(UDP と比較して) 低速	高速
プロトコル番号	6	17
主な特徴	・コネクションの確立、維持、切断を行う ・順序制御、再送制御などを用いて通信の信頼性を確保している ・ウィンドウ制御、フロー制御	・ヘッダが小さい ・信頼性を担保しない ・TCP に比べて高速、リアルタイム性に優れる

これらの特徴を踏まえて TCP と UDP、それぞれの使い分けを考えてみましょう。

TCP は主に**信頼性を求められる通信**に向いています。例えば Web、メール、ファイル転送など、確実にデータが届く必要のある通信です。昨今の多くのアプリケーションでは TCP を使用しており、インターネット上を流れる通信

右側余白：

3

通信の信頼性を支えるプロトコルのきほん

の 8 割程度は TCP であるといわれています。

　UDP は、**リアルタイム性の求められる通信や、データ量の少ない簡易な通信**に向いています。

　音声や動画のストリーミング配信や VoIP と呼ばれる IP ネットワークを用いた音声通信などは、リアルタイムにデータを届けることが最優先とされます。TCP で 3 ウェイハンドシェイクや確認応答を用いると、信頼性維持のための通信に時間がかかり、リアルタイム性を損ねてしまいます。このため、高速な UDP を使うことでリアルタイム性を実現しています。

　DNS や NTP、syslog などはデータ量の少ない通信です。これらのプロトコルは、TCP で 3 ウェイハンドシェイクや確認応答を用いると、データ本体よりも信頼性維持のための通信のほうが大きくなってしまい、無駄が多くなります。このため、不要な情報が少なく、仕組みもシンプルな UDP を使うことで無駄を少なくしています。

TCP と UDP にはこんな違いがあるんですね

全ての通信を TCP にしてしまうと、どうしても全体の通信量が増えてしまうし、送受信する端末にかかる負荷も増えてしまいます

使うアプリケーションや通信の内容に合わせて、TCP と UDP を適切に使い分けることが必要なんです

双方の特徴を押さえて、どんな通信で使われているかを知っておく必要がありますね！

19-4　UDP をパケットキャプチャしてみよう

　では、実際にパケットをキャプチャして UDP ヘッダを確認してみましょう。しかし、UDP のパケットは通常のブラウザからのアクセスで必ずキャプ

チャできるというものではないため、今回は **DNS** を使ってみましょう。

　DNS はドメイン名を IP アドレスに変換する際などに用いられるプロトコルおよびシステムです。ブラウザで URL を使って Web サイトにアクセスする際などに、URL に含まれているドメイン名を IP アドレスに変換し、アクセスする Web サーバを特定するために用いられています。詳しくは**第 4 章**で説明します。

　Wireshark でキャプチャを開始した状態で次のコマンドを使い、DNS のパケットをキャプチャしてみましょう。

```
nslookup www.shoeisha.co.jp
```

● DNS を使用する

Windows 環境であれば、コマンドプロンプトを起動し、次のコマンドを実行

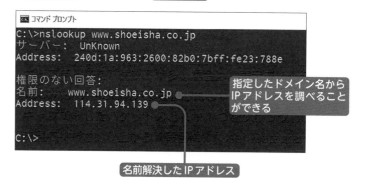

`nslookup www.shoeisha.co.jp`

コマンド　ドメイン名

```
C:\>nslookup www.shoeisha.co.jp
サーバー:    UnKnown
Address:    240d:1a:963:2600:82b0:7bff:fe23:788e

権限のない回答:
名前:       www.shoeisha.co.jp
Address:    114.31.94.139

C:\>
```

指定したドメイン名から IP アドレスを調べることができる

名前解決した IP アドレス

　キャプチャしたパケットが多い場合は、表示フィルタに「dns」と入力し、DNS のパケットのみ表示するようにしましょう。

　キャプチャしたパケットのどれか 1 つをクリックし、画面下のパケット詳細を見てください。上から 4 段目に、「User Datagram Protocol, …」という項目があると思います。その欄をクリックすると、UDP ヘッダの詳細が表

示されます。

　先ほど説明した UDP ヘッダの内容と同じものが並んでいるのがわかると思います。各項目の中身は皆さんの環境によって異なりますが、ヘッダの項目そのものは定義されているため、基本的には変わりません。

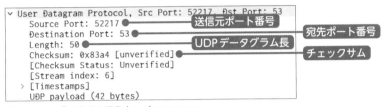

ここまででデータリンク層からトランスポート層までのプロトコルについて学習できました

複数のレイヤのプロトコルが連携して、通信が成り立っていることがよくわかりました

これらは通信を扱ううえで必ず出てくるものです。仕事に余裕が出てきたら、さらに深掘りしてみてください

次からは、ここまで学んだ通信の基礎になるプロトコルの上で動く上位層のプロトコルや、データリンク層やネットワーク層のプロトコルを補助するプロトコル、ネットワーク機器を扱ううえで必要なプロトコルなどを学習していきます

プロトコルの世界がどんどん広がりますね！

問題 1

TCP の特徴として正しいものはどれですか？

① ブロードキャストやマルチキャストに用いられる。

② ネットワーク層のプロトコルである。

③ 通信の信頼性を確保するための機能を有している。

④ 直接繋がった機器間での通信について規定している。

問題 2

UDP の特徴として正しいものはどれですか？

① ネットワーク層のプロトコルである。

② 確認応答や再送制御といった機能を持たない。

③ 信頼性を必要とする通信で用いられている。

④ コネクション確立に 3 ウェイハンドシェイクを用いる。

問題 3

ポート番号に関して、正しい記述はどれですか？

① 宛先ポート番号は、通信の宛先端末を識別するために用いられる。

② 送信元ポート番号は常に 0 〜 1023 の間から選ばれる。

③ 全てのポート番号は IANA により管理されており、プロトコルなどと紐づいている。

④ ポート番号は、上位層のアプリケーションを識別するために用いられる。

解 答

問題 1 解答

正解は、③の「通信の信頼性を確保するための機能を有している。」

TCP はトランスポート層のプロトコルであり、上位層のアプリケーションを識別するポート番号の定義や、通信の信頼性の確保、通信の効率化などの役割を持っています。

問題 2 解答

正解は、②の「確認応答や再送制御といった機能を持たない。」

UDP は TCP と異なり、確認応答や再送制御、フロー制御といった機能を持っていません。その分、高速でリアルタイム性を求められる音声通話やストリーミングなどで用いられます。

問題 3 解答

正解は、④の「ポート番号は、上位層のアプリケーションを識別するために用いられる。」

TCP や UDP といったトランスポート層のプロトコルは、端末に届いた通信を上位層の各アプリケーションやプロトコルに受け渡す機能を持ちます。その際、アプリケーションやプロトコルを識別するために用いられているのがポート番号です。

第4章

第4章 日常で使う
インターネットを支える
プロトコルのきほん

20 HTTPとHTTPSのきほん

HTTPとHTTPSはアプリケーション層のプロトコルです。数あるプロトコルの中でも、私たちの日常に密接に関わるプロトコルの1つです。

20-1 HTTPとHTTPSはWebを支えるプロトコル

　第3章までは、データリンク層からトランスポート層までの通信そのもの
を支えるプロトコルについて説明しました。ここからは、レイヤを横断して
身近なプロトコルについて見ていきましょう。ネット社会で一番身近なプロ
トコルである **HTTP** と **HTTPS** から解説していきます。

　HTTPとHTTPSは、アプリケーション層のプロトコルです。ブラウザなど
を使ってWebサイトからデータを取得する際に使われています。URLの先
頭にHTTPという文字が並んでいるのを見たことがある人も多いと思います。

　HTTPの正式名称は **Hypertext Transfer Protocol** といい、その名前の
通り元々は **HTML**（HyperText Markup Language）や **XML**（Extensible
Markup Language）などの、ハイパーテキストといわれるテキストを転送
するために作られたプロトコルでした。現在では、Web上で用いられる画像
や音声、動画といったテキスト以外の様々なデータも扱うことができるよう
になっています。

　HTTPSの正式名称は **HTTP Secure** あるいは **HTTP over SSL/TLS** とい
います。HTTPを用いつつ、より安全に通信を行うための仕組みを盛り込ん
だプロトコルです。

　どちらも現在のインターネットにおいては欠かすことのできないプロトコ
ルです。ここでは、HTTPとHTTPSについて確認していきましょう。

HTTP や HTTPS は PC やスマートフォン
をはじめとした Web にアクセスする
ほとんどの端末が使っています

日常に一番関わりのあるプロトコル
かもしれませんね！

4

日常で使うインターネットを支えるプロトコルのきほん

HTTP の特徴を学ぼう

　HTTP には様々な特徴がありますが、ここでは特に代表的なものを押さえ
ておきましょう。

Point HTTP の特徴

- **アプリケーション層のプロトコルである**
- **Web 上でデータを取得する際に用いられる**
- **クライアント - サーバ型**
- **ステートレス性**

アプリケーション層のプロトコルである

　HTTP は **TCP/IP** に則ったプロトコルです。TCP/IP における**アプリケーショ
ン層**に位置づけられます。トランスポート層の TCP を使って通信するプロト
コルです。

Web 上でデータを取得する際に用いられる

　HTTP はブラウザなどのクライアントから Web サーバにアクセスして、
Web ページのデータを取得する際に用いられています。

クライアント – サーバ型

　HTTP は**クライアント – サーバ型**のプロトコルです。主にブラウザなどの
クライアントと、Web サーバ間でのデータのやり取りを担っています。クラ
イアントが取得したいデータを**リクエスト**という形でサーバに送り、それに
対してサーバは**レスポンス**という形でブラウザにデータを返します。

ステートレス性

　HTTP の仕組みは非常にシンプルです。基本的には、リクエストとそれに
対するレスポンスという 1 組のやり取りで成り立っています。そのため、ク
ライアント側の状態をサーバ側で保持するような仕組みを元々は持っていま

せん。クライアントの状態を保持しないことを**ステートレス**といいます。しかし、現在では cookie（クッキー）などの仕組みを用いることで、クライアントの状態維持を実現しています。

HTTP は Web などの通信に使われるクライアント –
サーバ型のプロトコルであることを押さえておきましょう

HTTP はどんな通信を行っているんですか？

それでは、HTTP の通信の流れを見てみましょう

日常で使うインターネットを支えるプロトコルのきほん

20-3 HTTP 通信の流れ

HTTP の特徴を押さえたうえで、実際の HTTP の流れを追ってみましょう。HTTP 通信の主な流れは次の図の通りです。

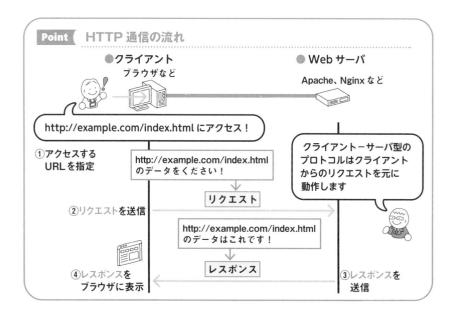

HTTP はクライアント – サーバ型のプロトコルなので、クライアントのリクエストから通信が始まります。クライアントは、必要なリソース (Web ページのデータなど) をサーバに対して要求したり、サーバに対してデータの変更や追加を要求したりします。サーバはリクエストに対して、必要なデータをレスポンスとして返します。この通信の流れを押さえておきましょう。

　流れを確認したところで、その中で送受信されるリクエストとレスポンスの中身も見ておきましょう。リクエストとレスポンスは次のような構造になっています。

Point　リクエストの構造

メソッド　　URI　　プロトコルバージョン

| GET | /index.html | HTTP/1.1 |

リクエストライン

Host: 192.168.10.201
～以下省略～

ヘッダフィールド

・メソッド
　サーバに対する要求を表す

・URI
　要求するリソースを表す

・プロトコルバージョン
　HTTPのバージョンを表す

・ヘッダフィールド
　様々なヘッダを用いて
　リクエストの詳細な情報を表す

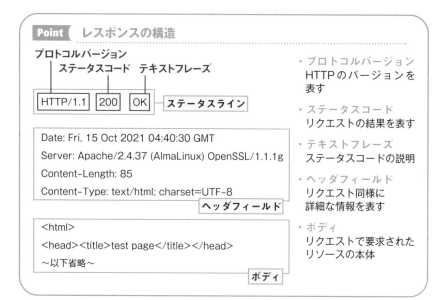

Point レスポンスの構造

プロトコルバージョン
ステータスコード　テキストフレーズ

| HTTP/1.1 | 200 | OK | ステータスライン

Date: Fri, 15 Oct 2021 04:40:30 GMT
Server: Apache/2.4.37 (AlmaLinux) OpenSSL/1.1.1g
Content-Length: 85
Content-Type: text/html; charset=UTF-8
ヘッダフィールド

\<html\>
\<head\>\<title\>test page\</title\>\</head\>
～以下省略～
ボディ

・プロトコルバージョン
HTTPのバージョンを
表す

・ステータスコード
リクエストの結果を表す

・テキストフレーズ
ステータスコードの説明

・ヘッダフィールド
リクエスト同様に
詳細な情報を表す

・ボディ
リクエストで要求された
リソースの本体

リクエストは次の2つから構成されています。

● リクエストライン
● ヘッダフィールド

レスポンスは次の3つから構成されています。

● ステータスライン
● ヘッダフィールド
● ボディ

　その他、POSTやPUTといったメソッドの場合、リクエストにボディが加えられることもあります。
　HTTPを学ぶうえではヘッダの内容が重要ですが、ヘッダは通信の流れというよりはアプリケーション層での動作に影響を及ぼすことが多い部分です。そのため、本書では細かい説明は割愛します。

157

20-4 HTTP メソッドのきほん

HTTP では、リクエストでサーバに要求を伝える際、クライアントがリソースに対して求める処理を示すためにメソッドを用います。**HTTP/1.1** には、主に 8 つのメソッドが用意されています。

> **Point** 主な HTTP メソッド
>
> | メソッド | 役割 |
> |---|---|
> | GET | 指定したリソースを取得する |
> | POST | クライアントからサーバに対して新しいリソースを追加する
フォームの入力などで用いられる |
> | PUT | 指定したサーバ上のリソースを上書きする |
> | DELETE | 指定したサーバ上のリソースを削除する |
> | HEAD | GET 同様にリソースを指定するが、HTTP ヘッダだけを返す |
> | OPTIONS | 指定したリソースが対応しているメソッドを取得する |
> | TRACE | 自分宛にリクエストメッセージをそのまま返す
試験用などに用いられる |
> | CONNECT | HTTP を使用した環境で HTTPS 通信を行う場合に用いられる |

HTTP メソッドの中でも Web でよく使われているのは **GET** と **POST** です。GET は Web ページの閲覧など、Web サーバから情報を取得するために用いられています。POST は、クライアントからサーバに対して情報を送信し、サーバ上に新しいリソースを追加したり、クライアント側の情報を通知したりする際などに用いられています。例えば、掲示板のようなフォームへの書き込みや、ログインフォームでの情報の送信がそれに当たります。

20-5 HTTP の歴史を見てみよう

HTTP は 1990 年代に誕生しました。現在主に使われている HTTP のバージョンは **HTTP/1.1** と **HTTP/2** ですが、いくつかのバージョンを経てここ

に至っています。また、この2つから発展したバージョンも作られています。

　バージョンの遷移とそれぞれのバージョンについて、簡単に確認しておきましょう。HTTPはバージョンが上がるにつれて新しい機能が追加されていきました。

Point **HTTP の歴史**

> HTTP のバージョンは以下のように発展してきました

1991 年　HTTP/0.9　HTTP の誕生

1996 年　HTTP/1.0　バージョンが定義される。**メソッドやステータスコード**の誕生

1997 年　HTTP/1.1　初めての標準化 / 様々な機能が追加される

2015 年　HTTP/2　後方互換性を残しつつHTTP1.1 からさらに高速化

2018 年　HTTP/3　トランスポート層のプロトコルとして**UDP** 及び**QUIC** を使用

> 現在は主に HTTP/1.1 や HTTP/2 が使われています

●HTTP/0.9
・最初のバージョン。番号は当初はなく、後からつけられた。
・メソッドはGETのみ。レスポンスが1行なのでワンラインプロトコルと呼ばれることも。
・HTML しか転送できない。

●HTTP/1.0
・バージョン情報が定義され、リクエスト / レスポンスで送られるようになった。
・ステータスコードが実装。ブラウザやサーバが成功失敗を理解し、それに伴ったステータスを通知できるようになった。
・リクエスト / レスポンスにHTTPヘッダが実装。様々な情報を通知できるようになった。
・HTML 以外のファイルも転送できるようになった。

●HTTP/1.1
・コネクションの再利用ができるようになる。1つのコネクションで、HTML に付随する画像などをコネクションを切断せずに取得できるようになった。
・keep-alive の有効化、パイプライン機能などを使った通信の高速化。
・TLS をサポートすることによりHTTPSとしてより安全な通信が可能になった。

●HTTP/2
・ストリームを導入、1つのコネクション内で複数のリクエストを並列に扱うことができるようになった。
・ヘッダ圧縮を導入、増加したヘッダの情報を圧縮してデータ量を減らせるようになった。
・その他様々な方法で通信の高速化を図っている。
・TLS の使用に条件を設けるなど、セキュリティ面を強化。

20-6 HTTPSとは？

HTTPS（**HTTP Secure** あるいは **HTTP over SSL/TLS**）は、HTTP の通信を SSL/TLS（詳細は第 7 章を参照）を使ってより安全に通信を行う方式です。HTTPS 自体は厳密にはプロトコルではなく、SSL/TLS プロトコルで**暗号化**

や**認証**といった機能をサポートしたうえでHTTP通信を行うものです。このため、扱っているアプリケーション層の通信内容そのものはHTTPとあまり変わりません。

　これまで解説してきたHTTPには、暗号化の機能は備わっていません。このため、例えば会員限定のサイトへのログイン情報や通販サイトで入力するクレジットカードの情報などをHTTPで送信してしまうと、悪意のある第三者に通信を傍受された場合、情報を悪用されてしまう可能性があります。

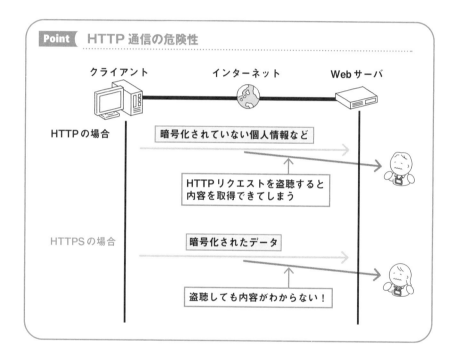

　そこで、こうした暗号化が必要な情報を扱う際、盗聴による情報の流出などを防ぐためにHTTPSが用いられています。

　現在ではほとんどのWebサイトがHTTPSに対応しています。意図的に探さない限り、HTTPSに対応していないサイトを見つけるのが難しいくらいです。

　ブラウザのURL入力欄の左端を見てみてください。HTTPSに対応した

Web サイトであれば、錠前のようなマークが表示されています。これは、その URL のサーバが HTTPS に対応しており、HTTPS を使って通信をしていることを表しています。

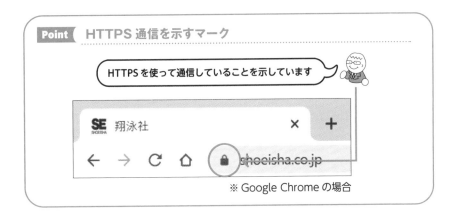

Point　HTTPS 通信を示すマーク

HTTPS を使って通信していることを示しています

SE 翔泳社

shoeisha.co.jp

※ Google Chrome の場合

20-7 Web サイト全体の HTTPS 化とは

　暗号化の必要がある通信のみを HTTPS 化するのではなく、Web サイト内のコンテンツ全体を HTTPS に対応させることを**常時 SSL 化**といいます。従来はクレジットカード情報の入力など一部の必要な部分のみを HTTPS 化することが多かったのですが、最近は常時 SSL 化する Web サイトが増えています。

　HTTPS は暗号化の機能だけでなく、証明書を使った認証の機能も持っています。通信を暗号化することで、盗聴による情報の流出は防げます。しかし、そもそも通信相手のサーバが不正な相手であった場合、送った情報を悪用されてしまう可能性があります。

　そこで、HTTPS では認証の機能を用いてサーバと通信する際、相手が信頼できる相手かどうか身分証明をさせることで、第三者によるなりすましを防ぐことができます。

　HTTPS で暗号化や認証の機能を担っているのが **SSL/TLS** というプロトコルです。SSL/TLS については第 7 章で解説します。

21
HTTPやHTTPSを
パケットキャプチャしてみよう

実際の HTTP や HTTPS のパケットをキャプチャして、通信の流れを確認してみましょう。

21-1　HTTP をパケットキャプチャしてみよう

　現在では、Web 上で HTTP でのアクセスを許容しているサイトが少なくなっています。大半のサイトは HTTP でアクセスを試みても HTTPS に誘導されてしまうため、HTTP について確認するのが少々難しい状況です。このため、もし皆さんの環境で Web サーバの構築が手軽に行えるようであれば、そこへのアクセスをキャプチャして確認してみてください。

　今回は、筆者のローカルな環境に構築した Web サーバへのアクセスをキャプチャしたものを見てみましょう。キャプチャファイルは本書の付属データに同梱しています。使い方は **06−11** で確認してください。

HTTP リクエストと HTTP レスポンスの内容

　付属のキャプチャファイルを Wireshark で開き、プロトコル欄に HTTP と表示されている 2 つのパケットを確認してみましょう。1 つ目の HTTP パケットの前に表示されている 3 つの TCP パケットは、3 ウェイハンドシェイクの SYN パケット、SYN/ACK パケット、ACK パケットです。

　次の図に示す 1 つ目のパケットが、クライアントから Web サーバへの **HTTP リクエスト**です。HTTP リクエストは先ほど内容を確認した通り、リクエストラインとヘッダフィールドで構成されています。場合によっては、ヘッダフィールド以下にさらに値が続くこともあります。

　リクエストラインを見てみると、**メソッド**（今回の例は **GET**）、**リソースの URI**、**HTTP のバージョン**で構成されていることが確認できます。

4

日常で使うインターネットを支えるプロトコルのきほん

● HTTP パケットのキャプチャ①：HTTP リクエスト

【Download】21-01_21-02_http_capture.pcapng

次の図の 2 つ目のパケットは、リクエストを受信した Web サーバからクライアントへの **HTTP レスポンス**です。

● HTTP パケットのキャプチャ②：HTTP レスポンス

【Download】21-01_21-02_http_capture.pcapng

HTTP レスポンスは、**ステータスライン**と**ヘッダフィールド**、**ボディ**の 3 つで主に構成されています。ステータスラインを見ると、リクエストに対し

てどのような状態のレスポンスを返しているかがわかります。また、ボディの中には実際のリソース（今回の場合 Web ページのデータ）が含まれています。

このように、**HTTP のパケットはクライアントからサーバへの HTTP リクエストと、それに対する HTTP レスポンスで成り立っています。**

21-2 HTTPS をパケットキャプチャしてみよう

次に、HTTPS のパケットを確認してみましょう。Wireshark で HTTP をキャプチャすると、例えばブラウザが Web サーバとやり取りしている内容をそのまま確認することができます。

しかし、HTTPS の場合は Wireshark がキャプチャする以前に暗号化されているため、そのままでは確認することができません。そのままキャプチャすると、次の図のように TLS で暗号化された状態のままキャプチャされます。

●暗号化された状態の HTTPS パケット

【Download】21-03_21-04_https_capture.pcapng

Chrome などのブラウザと Windows、Wireshark の設定を変更することで、暗号化された HTTPS パケットを Wireshark で復号し、内容を確認することができるようになります。ただし、この設定は OS の動作に重大な影響を及ぼす可能性があるため、本書では紹介しません。興味がある方は、ご自

身で調べて行ってみてください。

　次に示す図が HTTPS を Wireshark で復号したパケットです。なおこちらのパケットキャプチャについては、皆さんの環境では復号ができないため、付属データには同梱していません。配布しても TLS で暗号化されたパケットしか確認できないからです。

● HTTPS リクエスト

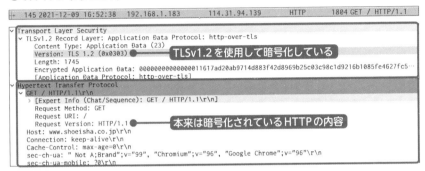

TLS を使って暗号化をしているだけで
HTTP の内容は大きくは変わりません

　HTTPS はあくまで HTTP の通信を TLS で暗号化しているパケットなので、HTTP の内容自体は特に変わりません。

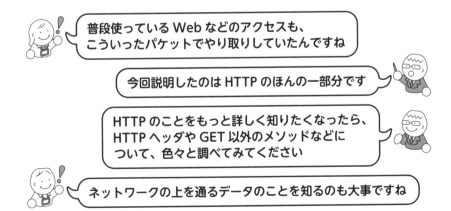

普段使っている Web などのアクセスも、
こういったパケットでやり取りしていたんですね

今回説明したのは HTTP のほんの一部分です

HTTP のことをもっと詳しく知りたくなったら、
HTTP ヘッダや GET 以外のメソッドなどに
ついて、色々と調べてみてください

ネットワークの上を通るデータのことを知るのも大事ですね

22 DNSのきほん

DNS は普段はあまり意識しないプロトコルかもしれませんが、日常の中で必ずお世話になっているプロトコルです。どんな役割を果たしているのか確認していきましょう。

22-1 文字列とIPを紐づけるDNS

　私たちがWebサイトを利用する際は、URLを使ってアクセスしています。例えばブラウザのアドレスバーにURLを入力したり、特定のURLが設定されたリンクを使用したりといったことは日常的に行っています。

　どこかのWebサイトにアクセスした場合、そのWebサイトのデータ（HTMLや画像、音声などのデータ）をサーバから取得しなければなりません。サーバはインターネット上、つまりネットワーク上のどこかに存在します。第2〜3章で解説した通り、ネットワーク上の端末にアクセスするためには、宛先のIPアドレスを指定しなければなりません。

　しかし、無数にあるWebサーバにアクセスするために必要なIPアドレスを覚えておいたり、数字で構成されたIPアドレスを識別したりするのは、私たちには難しいでしょう。そこで、IPアドレスを私たちにも親しみやすい文字列に紐づけておき、必要なときに変換してWebサーバと通信できるようにしてくれているのが **DNS**（Domain Name System）という名前解決プロトコルです。

正引きと逆引き

　DNSでは、IPアドレスとドメイン名を紐づけて記録し、問い合わせが来るとそれに対して紐づいている情報を返します。例えば、あるドメイン名やホスト名に対して問い合わせが来た場合、それに紐づいたIPアドレスを返します（**正引き**）。また、IPアドレスに対して問い合わせが来た場合、それに紐づいたホスト名を返します（**逆引き**）。

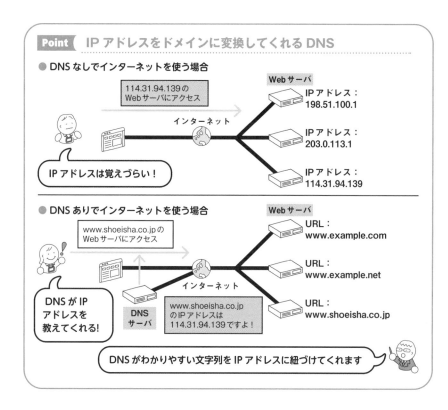

Point IPアドレスをドメインに変換してくれるDNS

● DNSなしでインターネットを使う場合

Webサーバ

114.31.94.139の
Webサーバにアクセス

インターネット

IPアドレス：
198.51.100.1

IPアドレス：
203.0.113.1

IPアドレス：
114.31.94.139

IPアドレスは覚えづらい！

● DNSありでインターネットを使う場合

Webサーバ

www.shoeisha.co.jpの
Webサーバにアクセス

インターネット

DNS
サーバ

www.shoeisha.co.jp
のIPアドレスは
114.31.94.139ですよ！

URL：
www.example.com

URL：
www.example.net

URL：
www.shoeisha.co.jp

DNSがIP
アドレスを
教えてくれる！

DNSがわかりやすい文字列をIPアドレスに紐づけてくれます

22-2 ドメイン名、ホスト名、FQDN

ドメイン名って言葉が出てきましたが、
なんのことですか？

URLとはまた違うんでしょうか？

普段Webサイトを使う際には、
特に意識しない言葉ですよね

ドメイン名やホスト名、URLについて
簡単に解説しましょう

インターネット上では、ネットワークの範囲に名前をつけて管理しています。分割して管理されている範囲のことを**ドメイン**と呼びます。ドメインの範囲を識別するのに用いられているのが**ドメイン名**です。

IPアドレスと同じように、インターネット上の端末に名前を使ってアクセスする場合は、一意な名前がついていなければなりません。そのため、インターネット上に公開されるホストにはドメイン名を使った名前がつけられています。WebサイトのURLや、メールアドレスにもドメイン名が含まれています。

ホスト名は、ドメイン内の端末を識別するためにつけられる名前です。ホスト名とドメイン名を組み合わせることで、あるドメイン内の一意な端末を示すことができます。ホスト名とドメイン名を省略せずに表記したものを**FQDN**（Fully Qualified Domain Name：**完全修飾ドメイン名**）といいます。

Point　URLやメールアドレスに含まれるドメイン名

● URLの場合

FQDN(完全修飾ドメイン名)

https:// www.shoeisha.co.jp/

ホスト名　　ドメイン名

ホスト名＋ドメイン名を省略せずに表記したものをFQDNといいます

● メールアドレスの場合

sample @ example.com

ドメイン名

22-3 ドメインの階層構造

ドメインは階層構造になっており、頂点の**ルートドメイン**から順に**TLD**（Top Level Domain）、**2LD**（2nd Level Domain）、**3LD**（3rd Level Domain）と呼ばれています。

有名なTLDには「.jp」や「.com」、「.net」といったものがあり、その下

で「.go」や「.co」、「.tokyo」といった 2LD が管理されています。

　ルートを頂点に下向きに広がっていく木を逆さまにしたような構造から、ドメインの階層構造のことを**ツリー構造**、**ドメインツリー**と呼ぶ場合もあります。

　ドメインは世界中に多数存在します。全てのドメインを 1 箇所にまとめて管理するには数が多すぎるため、一つ一つの TLD や 2LD でドメインが分散管理されているのです。それがドメインの階層構造です。

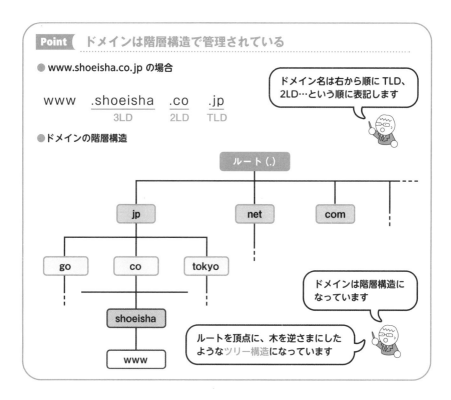

22-4 名前解決の仕組みを学ぼう

　では、階層構造の仕組みをより深く理解するために、DNS の名前解決の流れを見ていきましょう。

DNS が名前解決をする流れは次のようになっています。

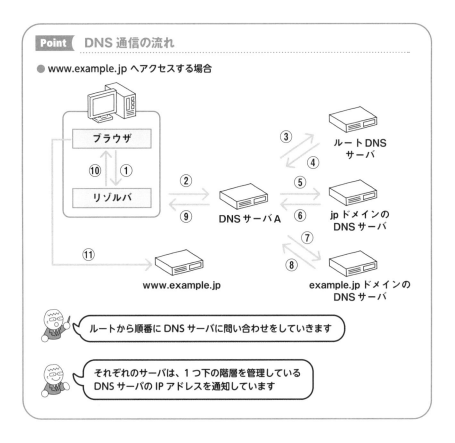

Point　**DNS 通信の流れ**

● www.example.jp へアクセスする場合

ルート DNS サーバ

③④

⑩　①　ブラウザ

②　リゾルバ

⑨　DNS サーバ A

⑤　jp ドメインの DNS サーバ

⑥

⑦

⑧

⑪　www.example.jp

example.jp ドメインの DNS サーバ

ルートから順番に DNS サーバに問い合わせをしていきます

それぞれのサーバは、1 つ下の階層を管理している DNS サーバの IP アドレスを通知しています

図の流れを追いかけてみましょう。

① ブラウザがリゾルバに名前解決を依頼する。

② リゾルバは DNS サーバ A に問い合わせる。

③ DNS サーバ A はルート DNS サーバに問い合わせる。

④ ルート DNS サーバは jp ドメインを管理している DNS サーバの IP アドレスを DNS サーバ A に返す。

⑤ DNS サーバ A は jp ドメインの DNS サーバに問い合わせる。

172

⑥ jp ドメインの DNS サーバは example.jp ドメインを管理している DNS サーバの IP アドレスを DNS サーバ A に返す。

⑦ DNS サーバ A は example.jp ドメインの DNS サーバに問い合わせる。

⑧ example.jp ドメインの DNS サーバは www.example.jp の IP アドレスを返す。

⑨ DNS サーバ A は得られた情報をキャッシュし、リゾルバに返答する。

⑩ リゾルバは IP アドレスをブラウザに返答する。

⑪ ブラウザは得られた IP アドレスで www.example.jp にアクセスする。

リゾルバとは、OS などが持っている名前解決の問い合わせをするプログラムです。

名前解決の流れは、上から順番に知っている人を訪ねていって、最終的に（その人の）宛先の情報を知っている DNS サーバにたどり着くようなイメージです。

名前解決に必要な情報は、1 つの DNS サーバが持つわけではありません。上位の DNS サーバは下位の DNS サーバにドメインの管理を任せます。例えば上の図だと、jp ドメインの DNS サーバは、ルート DNS サーバから jp ドメイン以下の管理を任されています。また、example.jp ドメインの DNS サーバは jp ドメインの DNS サーバから example.jp ドメイン以下の管理を任されているわけです。

このように、下位の DNS サーバにドメインの管理を任せる仕組みを DNS の**委任**といいます。委任された側は、そのドメイン以下の名前空間の管理を行うことになります。

22-5 DNS をパケットキャプチャしてみよう

それでは、DNS の通信をキャプチャして内容を確認してみましょう。

これまでと同様に、Wireshark を起動してパケットキャプチャの準備を行います。キャプチャした状態で、**19-4** の UDP のキャプチャの際に使用した

nslookup コマンドで DNS のパケットを発生させてみましょう。

　キャプチャできたら、Wireshark の表示フィルタに dns と入力し、DNS のパケットを確認してみましょう。

　いくつかのパケットがキャプチャできたかと思いますが、3 〜 4 番目のパケットを見てみます。

● **DNS クエリ（問い合わせのパケット）**

```
> Frame 70: 78 bytes on wire (624 bits), 78 bytes captured (624 bits)
> Ethernet II, Src: 48:f1:7f:81:56:aa, Dst: c0:8c:60:59:7b:c2
> Internet Protocol Version 4, Src: 192.168.1.86, Dst: 202.234.232.6
> User Datagram Protocol, Src Port: 65416, Dst Port: 53
v Domain Name System (query)
     Transaction ID: 0x0002
   > Flags: 0x0100 Standard query
     Questions: 1
     Answer RRs: 0
     Authority RRs: 0
     Additional RRs: 0
   v Queries
     > www.shoeisha.co.jp: type A, class IN       Aレコードに対して
     [Response In: 71]                             問い合わせを行っている
```

[Download] 22-05_dns_capture.pcapng

● DNS レスポンス

```
> Frame 71: 94 bytes on wire (752 bits), 94 bytes captured (752 bits)
> Ethernet II, Src: c0:8c:60:59:7b:c2, Dst: 48:f1:7f:81:56:aa
> Internet Protocol Version 4, Src: 202.234.232.6, Dst: 192.168.1.86
> User Datagram Protocol, Src Port: 53, Dst Port: 65416
v Domain Name System (response)
     Transaction ID: 0x0002
   > Flags: 0x8180 Standard query response, No error
     Questions: 1
     Answer RRs: 1                           ┌─────────────────────────────┐
     Authority RRs: 0                         │ Aレコードを問い合わせるクエリに │
     Additional RRs: 0                        │ 対してIPv4アドレスを返している   │
   v Queries                                  └─────────────────────────────┘
     > www.shoeisha.co.jp: type A, class IN
   v Answers
     v www.shoeisha.co.jp: type A, class IN, addr 114.31.94.139
         Name: www.shoeisha.co.jp
         Type: A (Host Address) (1)
         Class: IN (0x0001)
         Time to live: 26173 (7 hours, 16 minutes, 13 seconds)
         Data length: 4
         Address: 114.31.94.139
     [Request In: 70]
     [Time: 0.010509000 seconds]
```

【Download】22-05_dns_capture.pcapng

　DNS サーバには様々な情報が**レコード**と呼ばれる形で登録されています。
上の DNS クエリでは、www.shoeisha.co.jp という名前を解決するために、
DNS サーバに IP アドレスを問い合わせるパケットを投げています。今回は
ドメインに紐づいた IPv4 アドレスの情報を表す **A レコード**の内容が返答と
して戻ってきています。

DNS はとても奥が深いものです。DNS の
通信の流れを簡単に把握しておきましょう

ネットワークに関わる仕事をしていると、DNS が
原因のトラブルに遭遇したり DNS に関連した設定
を扱ったりすることは結構多いんですよ

今すぐ扱うことはないかもしれませんが、
重要な仕組みとして覚えておきます！

23

SMTPのきほん

私たちが日常的に使っているメール。このメールを送信する際に使われているのが SMTP です。メールの仕組みと合わせて把握しておきましょう。

23-1 メールを送信するプロトコル

　SMTP（Simple Mail Transfer Protocol）は、私たちが作成したメールを送信するときや、メールサーバ間で転送を行うときに用いられているプロトコルです。

　メールの送受信の仕組みには、主に SMTP、POP、IMAP の３つのプロトコルが関わっています。POP と IMAP については次節で説明しますが、ここではメール全体の流れを確認しつつ、SMTP について解説します。

メールの送受信の流れ

　メールの送受信の流れは次の図のようになっています。

　私たちがメールを送信する際は、Outlook や Thunderbird などのメールクライアントでメールを作成します。

　作成したメールは、メールクライアントから自ドメインを管理しているメールサーバに送られます。送信の際には **SMTP** を用います。自ドメインから SMTP で送られてきたメールを他のメールサーバに SMTP で転送するメールサーバを **SMTP サーバ**と呼ぶことがあります。

　SMTP サーバ用のソフトウェアとして、**Postfix** などのメール転送エージェントがよく用いられています。

　メールクライアントからメールを受け取った自ドメインの SMTP サーバは、宛先から転送するメールサーバを調べます。宛先メールサーバの IP アドレスを調べる際は、DNS を用います。DNS には、あるドメインのメールサーバを示す情報として **MX レコード**が登録されています。

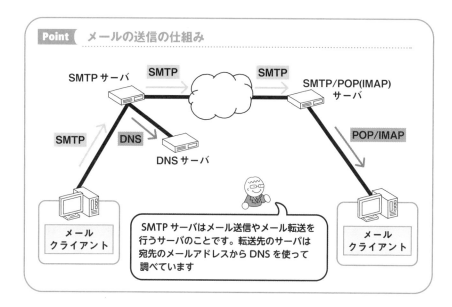

Point メールの送信の仕組み

SMTP サーバ

SMTP

SMTP

SMTP/POP(IMAP)
サーバ

SMTP　　DNS

DNS サーバ

POP/IMAP

メール
クライアント

SMTP サーバはメール送信やメール転送を
行うサーバのことです。転送先のサーバは
宛先のメールアドレスから DNS を使って
調べています

メール
クライアント

最終的な宛先メールサーバに転送されたメールは、メールサーバ内のメールボックスに格納されます。宛先のユーザーは、メールボックスに格納されたメールを POP や IMAP というプロトコルを使って、自身のメールクライアントで閲覧できるようにします。

Web メールの場合

先ほどの例ではメールクライアントからメールを送信することを想定していますが、最近ではブラウザでメールを扱っている方も多いと思います。ブラウザからメールを扱う場合は、HTTP や HTTPS を使って、Web メール用のサーバにアクセスしてメールを操作しています。

メールクライアントだった部分がブラウザに置き換わり、クライアントとSMTP サーバの間に Web メール用のサーバが入っていると思ってもらえば結構です。

4

日常で使うインターネットを支えるプロトコルのきほん

177

それでは、SMTP の特徴をまとめておきましょう。

Point SMTP の特徴

- メールの送信や転送を行うプロトコルである
- メールクライアントからの送信だけでなく、メールサーバ間での メールの転送にも SMTP が使われている
- TCP のポート番号 25 や 465、587 などを使用している

　先ほどの図では送信側のメールサーバを SMTP サーバとしていますが、今では SMTP だけでなく後述する POP サーバ、IMAP サーバとしての機能も併せ持つことが多いです。単純にメール送信の機能だけでなく、メールに関する様々な機能を併せ持つことで、高機能なメールサーバとして動作できるようになります。

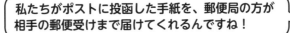
メール送信の流れは複雑に見えるかもしれませんが、 SMTP サーバをポストや郵便受け、SMTP を郵便局 と考えるとイメージしやすいかもしれません

私たちがポストに投函した手紙を、郵便局の方が 相手の郵便受けまで届けてくれるんですね！

その通りです。メールと現実の手紙の やり取りの流れは、あまり変わりません

次にメールを送るときは、その先のサーバの やり取りまで想像してみることにします！

23-3 SMTP をパケットキャプチャしてみよう

SMTP については、皆さんの環境でパケットキャプチャができるかどうか、はっきりとはわかりません。メールクライアントの設定次第ではできることもあります。一度、ご利用のメールクライアントからメールを送信し、Wireshark でキャプチャしてみてください。難しければ、本書の付属データに同梱したキャプチャファイルで確認してみてください。

今回は、筆者のローカル環境に構築した SMTP サーバを使って検証します。クライアント役の PC にインストールしたメールクライアントからメールを送信し、Wireshark でキャプチャしています。クライアントには Thunderbird を使用しています。

● SMTP のパケットキャプチャ

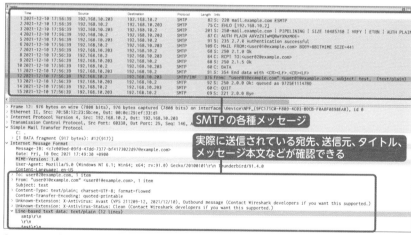

【Download】23-02_smtp_capture.pcapng

SMTP を使ったメール送信では、SMTP サーバとの接続確認、認証、送信元や宛先、本文の情報といったように、様々なメッセージのやり取りが行われます。通常の SMTP ではメッセージの暗号化は行われないため、パケットをキャプチャすれば本文の情報も含め、様々な情報を取得することができるようになっています。

4

日常で使うインターネットを支えるプロトコルのきほん

179

SMTP の認証と SMTPS

　今回は SMTP サーバ側で認証の設定を行ったため、認証に関連するメッセージ（AUTH）も送信されています。SMTP の認証では、主に **SMTP 認証** (SMTP-AUTH) が使われています。

　今回のキャプチャでは本文などの情報が確認できていますが、実際のメールのやり取りが第三者から確認できてしまっては困ります。

　SMTP でやり取りされるメッセージの暗号化には、**SMTPS**（SMTP over SSL/TLS）が用いられています。SMTPS を使用するには、クライアントであるメールソフトと SMTP サーバの双方が SMTPS に対応している必要があります。

24 POP、IMAPのきほん

メールの送信やメールサーバ間の転送には SMTP が使われていること
を解説しました。同じように、メールの受信の際に使われているプロ
トコルが POP や IMAP です。

24-1 メール受信に使われる2つのプロトコル

メールの送受信に関わる2つのプロトコルが **POP**（Post Office
Protocol）と **IMAP**（Internet Message Access Protocol）です。
ここまでに説明した通り、SMTP はメールクライアントからメールサーバ
へのメールの送信や、メールサーバ間でのメールの転送に使われています。
それに対して、POP や IMAP の役割は SMTP によって宛先メールサーバのメー
ルボックスまで到達したメールを、受信者の端末で閲覧などの操作ができる
ようにする、というものです。**23-1** でも掲載した図で説明しましょう。

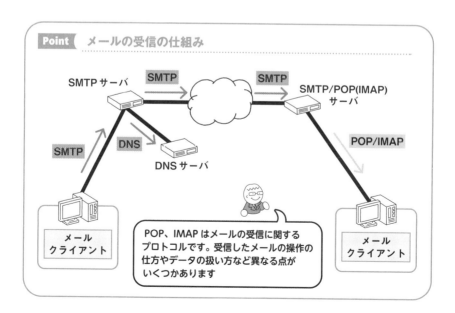

Point メールの受信の仕組み

SMTPサーバ

SMTP

SMTP

SMTP/POP(IMAP)
サーバ

POP/IMAP

SMTP

DNS

DNSサーバ

POP、IMAP はメールの受信に関する
プロトコルです。受信したメールの操作の
仕方やデータの扱い方など異なる点が
いくつかあります

メール
クライアント

メール
クライアント

先の図の右側、宛先のメールサーバとメールクライアントの間で働いているのが **POP** と **IMAP** です。

どちらもメールボックスに届いたメールをユーザーが閲覧できるようにするために用いられるプロトコルではありますが、動作や特徴が異なります。それぞれの特徴を見ていきましょう。

24-2 メールサーバからメールを取ってくるPOP

POP（Post Office Protocol）は、メールクライアントがメールサーバからメールを取得する際に用いられているプロトコルです。現在は **POP3**（POP version3）が一般的に使われています。

POP と IMAP に共通した特徴として、**メールはメールサーバのメールボックスに届く**、という点が挙げられます。メールを受信するためには、24時間、他のメールサーバからの転送を受け付けられるよう、待機していなければなりません。ユーザーが使う端末でそれを実現するのは難しいため、自ドメインを管理するメールサーバのメールボックスに届いたメールを保存しておき、それに対してメールクライアントがアクセスする、という仕組みになっています。

POP では、メールサーバのメールボックスに届いたメールをローカルの端末にダウンロードしたうえで、ダウンロード済みのデータをメールサーバから削除するのが標準の動作となっています。

そのため、POP には次のようなメリットとデメリットが発生します。

＜メリット＞
- 送受信以外の操作（ローカルに保存したメールの閲覧など）はオフラインでも行える。
- メールをローカルに保存したらメールサーバ側では削除されるので、メールサーバの容量を節約できる。

<デメリット>
- 1つのメールは1つのデバイスにしか保存できないため、同一メールアドレスに届く複数デバイス間でのメールの共有が難しい
- メールをローカルに保存するため、端末故障などでメールデータが失われてしまう

　メールのデータをローカルの端末に保存して扱うのがPOPの基本動作であるため、モバイル端末が増加した現在の環境には、あまり適しているとはいえません。複数の端末から、同じメールアドレス宛に届いたメールを閲覧したり操作したりすることが難しくなってしまうからです。
　そういったデメリットにも対応しつつ、異なる動作を持つのがIMAPです。

24-3 メールサーバのメールを操作するIMAP

　IMAP（Internet Message Access Protocol）は、メールサーバ上のメールに対してメールクライアントからアクセスして操作するためのプロトコルです。現在では**IMAP4**が一般的に使われています。POPでは、メールサーバのメールボックスに届いたメールはローカルの端末にダウンロードしたうえで、メールサーバ上のメールを削除する、というのが一般的な動作でした。
　IMAPでは、メールをメールサーバ上に置いたままで閲覧や削除などの操作を行えるようにしています。そのため、複数の端末から同じメールアドレス宛のメールを閲覧したり、操作したりすることができるようになります。複数の端末から同メールアドレスへの操作をするのが当たり前になった現在の環境では、POPよりIMAPのほうが適しているといえます。

<メリット>
- 複数端末でメールへの操作を行うことができる
- POPに比べてローカル端末の容量を消費しない

　一方で、IMAPには次のようなデメリットもあります。

＜デメリット＞
● メールサーバに接続できる環境が必要（一部の操作は、オフラインでも行える。次にメールサーバに接続した際に処理を行う）
● 基本的にメールサーバ上にメールのデータが残り続けるので、容量に気を配る必要がある

POP はあまり使われていないんですか？

そうとも言い切れません。POP も使われることはありますよ

POP と IMAP は用途や役割が異なります。それぞれの特徴を把握しておきましょう

Point POP と IMAP の特徴

● POP（Post Office Protocol）
  ● メールサーバからメールを端末にダウンロードして操作するプロトコル
  ● メールサーバ上にはメールが残らないため、ダウンロードした端末でしかメールの閲覧ができない
● IMAP（Internet Message Access Protocol）
  ● メールサーバ上のメールを直接操作するプロトコル
  ● 複数の端末から 1 つのメールサーバ上のメールボックスを操作することができる

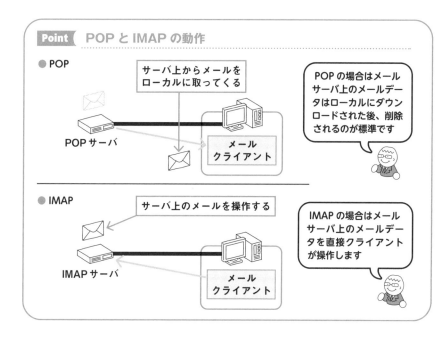

Point POP と IMAP の動作

● POP

サーバ上からメールを
ローカルに取ってくる

POP サーバ

メール
クライアント

POP の場合はメール
サーバ上のメールデー
タはローカルにダウン
ロードされた後、削除
されるのが標準です

● IMAP

サーバ上のメールを操作する

IMAP サーバ

メール
クライアント

IMAP の場合はメール
サーバ上のメールデー
タを直接クライアント
が操作します

24-4 POP、IMAP をパケットキャプチャしてみよう

SMTP のパケットキャプチャと同様に、POP、IMAP もメールクライアン
トやメールアカウントの設定次第で、キャプチャができたりできなかったり
します。このため、ご自身の環境で再現できなかった場合は、付属データに
同梱したキャプチャファイルを開いて確認してみてください。

POP の場合

メールクライアントで POP を設定した端末を用意し、メールを受信する際
に Wireshark を使い、POP のパケットをキャプチャしてみましょう。

ここでは、筆者のローカル環境に用意した POP サーバと IMAP サーバから
メールを受信する様子をキャプチャしています。

● POP のパケットキャプチャ

【Download】24-03_pop_capture.pcapng

　POP では、POP サーバにログインし、メールサーバ上に保存されているメールをクライアントのローカルにダウンロードしてきています。POP の場合、メールサーバからメールをダウンロードすると、メールサーバ上のメールファイルは削除されます。

　POP3 ではメールをダウンロードするためにいくつかの POP3 コマンドを使用しています。メールの一覧表示を取得する LIST、メール本体を取得する RETR、POP3 の通信を終了する QUIT などが挙げられます。

IMAP の場合

　次に、POP と同様に、メールクライアントで IMAP を設定した端末を用意し、メールを受信する際に Wireshark を使い、IMAP のパケットをキャプチャしてみましょう。

● IMAP のパケットキャプチャ

サーバー-クライアント間でメッセージ
受信のためのやり取りが行われる

メールのデータをサーバから受け取っている
（POPと異なりデータはサーバに残ったまま）

メールの宛先、送信元、タイトル

受信したメールの本文

【Download】 24-04_imap_capture.pcapng

　IMAP でも、POP と同様に認証の処理などの様々なやり取りがメールサー
バ-クライアント間で行われた後、受信したメール本体のデータがサーバか
らクライアントに送られます。

　POP と異なり、IMAP はクライアント側にデータを移してサーバから削除
してしまうのではなく、サーバ側にメール本体のデータを残したままそれら
に対して処理を行うため、複数のクライアント端末で同じユーザーの受信し
たメールを確認できる、といった利点があります。

25

第4章 日常で使うインターネットを支えるプロトコルのきほん

PPPoEとIPoEのきほん

現在ではインターネットを使わない日はないと言っていいほど、インターネット環境は一般的なものになりました。インターネットへの接続に利用されるプロトコルを解説していきます。

25-1 PPPoE と IPoE はインターネットへの接続を支えている

　私たちが家庭や会社などでインターネットを利用する際は、**ISP**（Internet Service Provider）と契約したうえで、**回線事業者**が用意した回線を通じてインターネットへ接続しています。ISP とは、インターネットサービスを提供（Provide）する企業や事業者のことを指します。ISP では、インターネットへ接続するためのサービスを提供し、その利用者を認証したりしています。

　ADSL 回線や光回線などの物理的な回線は、回線事業者と呼ばれる企業が用意します。私たちの家や会社まで回線を物理的に敷設したり、その先の物理的な回線を敷設したり、管理維持を行ったりしています。

　私たちがインターネットを利用する際は、回線事業者の用意した回線を使って、ISP の提供するインターネット接続サービスを利用してインターネットに接続しています。

Point　ISP（プロバイダ）と回線事業者

インターネット

家庭や企業など　―　回線事業者　―　ISP（プロバイダ）
・物理的な回線の設置、保守など
・インターネットへの接続サービスの提供など

認証とは

　さて、ISP と契約してインターネットに接続している以上、ISP 側では接続しようとしている私たちが契約者であることを確認する必要が出てきます。これが**認証**です。認証のために用いられているのが **PPP**、**PPPoE** といったプロトコルです。

日常で使うインターネットを支えるプロトコルのきほん

4

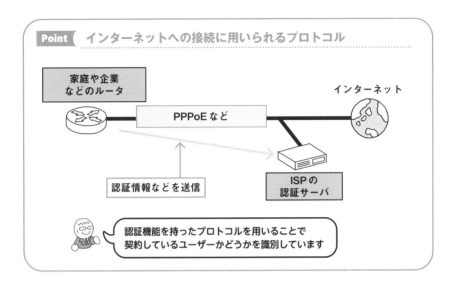

Point インターネットへの接続に用いられるプロトコル

家庭や企業
などのルータ

インターネット

PPPoE など

認証情報などを送信

ISP の
認証サーバ

認証機能を持ったプロトコルを用いることで
契約しているユーザーかどうかを識別しています

25-2 PPP と PPPoE

PPP（Point to Point Protocol）は、電話回線を利用したインターネットサービスであるダイヤルアップ接続などで使われていた、データリンク層の通信プロトコルです。名前の通り、ユーザー側の機器と ISP 側の機器（ポイントとポイント）を一対一の論理的な経路で結び、その中を L2 ヘッダとして PPP ヘッダをつけた IP パケットが通るような仕組みになっています。

PPP の利点は 2 つありました。1 つ目が**認証機能**を持つこと、2 つ目が**ネットワーク接続に必要な情報を提供する機能**を持つことです。ISP が提供するインターネット接続にはユーザー認証が必要であるため、ダイヤルアップ接続では PPP の認証機能を用いてユーザーを識別していました。

また、インターネット接続するためには認証だけでなくインターネット上で重複のないグローバルアドレス（**12–3** 参照）が必要になるため、その払い出しなども PPP の機能で行われていました。

PPP の認証

PPP の認証には 2 つのプロトコルを用いています。それが **PAP**（Password

190

Authentication Protocol) と **CHAP** (Challenge Handshake Authentication Protocol) です。

PAP では、PPP のクライアントが認証を行うサーバ側 (ISP 側) に対し、ISP との契約時に指定されたユーザー ID とパスワードを送信します。ISP 側では、受け取ったユーザー ID とパスワードをもとに認証を行います。

PAP のデメリットとして、認証のための情報を暗号化しないまま送信している点が挙げられます。PAP には盗聴による情報流出の危険があるため、現在ではほとんど使われていません。

そこで、PAP の代わりに使われているのが **CHAP** です。CHAP では、クライアントから直接ユーザー ID とパスワードを送信するのではなく、サーバ側から送られてくるチャレンジと呼ばれる乱数とユーザー ID、パスワードを組み合わせてハッシュ値を算出します。クライアント側からは、算出したハッシュ値とユーザー ID のみを送信します。

サーバ側では、受け取ったユーザー ID をもとに同様の計算を行い、送られてきたハッシュ値とサーバ側で算出したハッシュ値が同じ値であれば、正しいユーザーであるとこを確認することができます。

直接パスワードを送信しないため、盗聴されてもパスワードを得ることはできず、不正ログインは行えないため、PAP に比べて安全な認証方法になっています。

日常で使うインターネットを支えるプロトコルのきほん

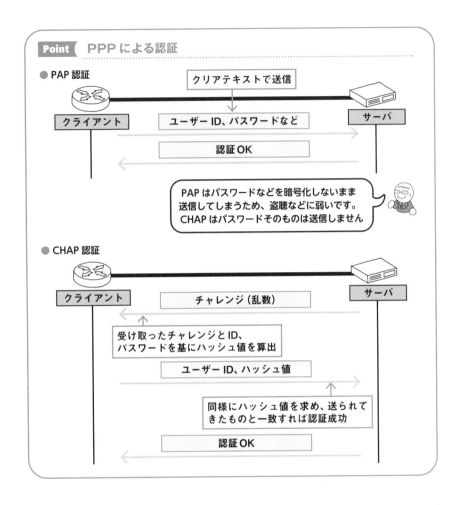

Point PPP による認証

● PAP 認証

クリアテキストで送信

クライアント　　　ユーザー ID、パスワードなど　　　サーバ

認証 OK

PAP はパスワードなどを暗号化しないまま
送信してしまうため、盗聴などに弱いです。
CHAP はパスワードそのものは送信しません

● CHAP 認証

クライアント　　　チャレンジ（乱数）　　　サーバ

受け取ったチャレンジと ID、
パスワードを基にハッシュ値を算出

ユーザー ID、ハッシュ値

同様にハッシュ値を求め、送られて
きたものと一致すれば認証成功

認証 OK

　認証が完了した PPP では、NCP（Network Control Protocol）というプロトコルを使って IP アドレスや DNS サーバのアドレス、デフォルトルートの宛先などを通知します。このようにして、データリンク層のプロトコルにPPP を使い、かつ認証を実現したうえで通信を可能にしていたのです。

PPPoE の認証

　しかし、現在では PPP そのものはあまり使われていません。データリンク層のプロトコルとして、家庭や企業のネットワークから ISP の終端装置までの間でも Ethernet が使われるようになったからです。しかし、Ethernet そ

のものには認証などの機能は備わっていません。そこで、LAN での高速な通信が可能である Ethernet を使いつつ、認証などの機能を PPP で実現したデータリンク層プロトコルが **PPPoE**（Point to Point Protocol over Ethernet）です。

　PPP では、IP パケットをデータリンク層のプロトコルである PPP のヘッダでカプセル化して送信していました。PPPoE では、IP パケットを PPP でカプセル化することで PPP による認証機能を使えるようにし、その外側に PPPoE のヘッダ、さらに外側に Ethernet のヘッダでカプセル化を行い、あたかも Ethernet をデータリンク層のプロトコルとしている通信であるかのように ISP 側への接続を行います。

　認証の方式や、インターネット接続に必要なグローバルアドレスの払い出しなどは PPP の仕組みをそのまま使っています。

25-3　PPP、PPPoE に代わる IPoE

　NTT 東日本と NTT 西日本が提供するフレッツ網で新たに用いられるようになった接続方式が **IPoE**（Internet Protocol over Ethernet）です。

　IPoE は、IPv6 の普及に合わせて使われるようになった 2 つの認証方式のうちの 1 つです。IPv6 環境では、インターネット接続において IPv6 PPPoE 形式と、IPv6 IPoE 形式が使われるようになりました。IPv6 PPPoE 形式は、先ほど説明した PPPoE と同じような仕組みを、IPv6 を使って行うものです。

　IPoE では、PPPoE のようにユーザー ID をクライアント側から送信することなく、PPP によるカプセル化も行いません。LAN 内の通信と同じように、IP パケットをイーサネットでカプセル化してそのままインターネットを利用して通信を行うことができることから、ネイティブ方式と呼ばれています。これに対して、PPPoE はフレッツ網の終端装置までの間は PPP と PPPoE によるカプセル化が行われる点から、トンネル方式と呼ばれます。

4

日常で使うインターネットを支えるプロトコルのきほん

25-4 PPPoE のパケットキャプチャを見てみよう

　LAN 内で PPPoE フレームを確認するには PPPoE サーバなどを用意する必要があり、再現するのが難しいため、ここでは付属のキャプチャファイルを確認してみましょう。今回は、筆者のローカル環境で構築した PPPoE サーバと PPPoE クライアント間で交わされる通信のキャプチャです。

　PPPoE では、クライアントとサーバ間でのやり取りが大きく 2 つのステージに分かれています。1 段階目が **Discovery ステージ**、2 段階目が **PPP セッションステージ**です。Discovery ステージでは、PPP を使った認証や IP アドレスの払い出しなどを行う前に、クライアントは通信相手（PPPoE サーバ）を探し、セッションを開始します。PPP セッションステージでは、PPPoE サーバによるクライアントの認証や IP アドレスの払い出しなどが行われます。

Discovery ステージ

　次の図は、Discovery ステージでクライアント－サーバ間で交わされる 4 つのパケットです。

● PPPoE のパケットキャプチャ① : PPPoE － Discovery ステージ

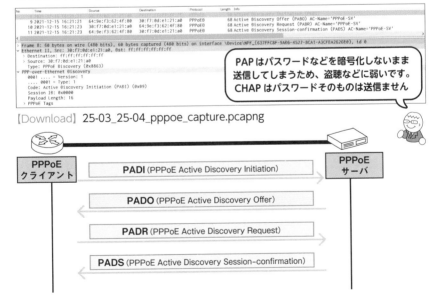

【Download】25-03_25-04_pppoe_capture.pcapng

194

PPP セッションステージ

　次に、PPP セッションステージを見てみましょう。こちらはキャプチャされる数が少々多いので、画像は一部抜粋した部分のみになります。詳しくは付属データに同梱したキャプチャファイルを見てみてください。

　PPP は、**LCP** (Link Control Protocol) と **NCP** (Network Control Protocol) という 2 つプロトコルを用いて各種処理を行います。LCP がリンクの確立や先ほど説明した認証などを行います。NCP は、上位のプロトコルが IP の場合は **IPCP** (Internet Protocol Control Protocol) というプロトコルになります。IPCP は IP アドレスの払い出しなどを行います。

　キャプチャしたパケットでも、まず LCP のやり取りが行われ、次に CHAP による認証、そして IPCP による IP アドレスの払い出しが行われているのが確認できるかと思います。

● **PPPoE のパケットキャプチャ② : PPPoE － PPP セッションステージ**

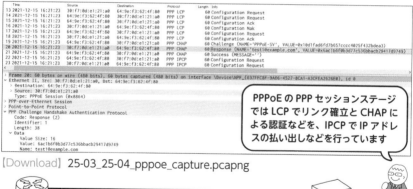

PPPoE の PPP セッションステージでは LCP でリンク確立と CHAP による認証などを、IPCP で IP アドレスの払い出しなどを行っています

【Download】25-03_25-04_pppoe_capture.pcapng

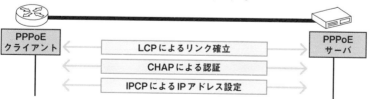

　PPPoE では、Discovery ステージと PPP セッションステージ、これら 2 つのステージが完了するとクライアント－サーバ間の接続が完了し、クライアントはインターネットサービスを利用できるようになります。

PPPoE はただ ID とパスワードを
送っているだけではないんですね

 インターネットサービスを利用するために
は、認証や IP アドレスの払い出しなど必要な
やり取りがいくつかあります

 PPPoE では、それを複数のプロトコルを
組み合わせることで実現しています

問題 1

HTTP の説明として正しいものはどれですか。

① OSI 参照モデルのトランスポート層に分類されるプロトコルである。

② HTTP はクライアント – サーバ型のプロトコルである。

③ メールの送受信に用いられる。

④ グローバルアドレスの払い出しに用いられる。

問題 2

DNS の仕組みについて正しいものはどれですか。

① ドメインは階層構造になっており、分散して管理されている。

② リゾルバとは、TLD ドメインを管理する DNS サーバの総称である。

③ 下位の DNS サーバにドメインの管理を任せることを献上という。

④ DNS ではドメイン名などとポート番号を紐づけている。

問題 3

PPPoE の特徴として正しいものはどれですか。

① 認証に POP や IMAP といったプロトコルを用いている。

② PPP というプロトコルをそのまま IP ヘッダでカプセル化している。

③ IPoE をトンネル方式、PPPoE をネイティブ方式と呼ぶことがある。

④ インターネットサービスの利用に必要な認証や IP アドレスの払い出しなど
に用いられている。

解 答

問題 1 解答

正解は、②の「HTTP はクライアント – サーバ型のプロトコルである。」

HTTP はブラウザなどを使って Web サイトにアクセスする際などに用いられるアプリケーション層のプロトコルです。クライアント – サーバ型のプロトコルであり、クライアントにあたるブラウザからサーバにあたる Web サーバに対してデータの要求を HTTP リクエストとして送信し、Web サーバからブラウザへ要求されたデータを HTTP レスポンスとして返すという動作を行っています。

問題 2 解答

正解は、①の「ドメインは階層構造になっており、分散して管理されている。」

DNS はドメイン名やホスト名と IP アドレスを紐づけ、管理する名前解決プロトコルです。DNS で管理されるドメインは階層構造で管理されており、頂点のルートドメインから順に TLD（Top Level Domain）、2LD（2nd Level Domain）、3LD（3nd Level Domain）と呼ばれています。下位の DNS サーバにドメインの管理を任せていく仕組みを委任といいます。

正解は、④の「インターネットサービスの利用に必要な認証や IP
アドレスの払い出しなどに用いられている。」

PPPoE は WAN 側で用いられることの多いデータリンク層のプロトコルです。
従来使われていた PPP というプロトコルを、Ethernet 環境で使えるようにし
たプロトコルが PPPoE になります。
PPPoE は WAN 側に接続し、インターネットサービスを利用しようとするユー
ザーの認証やインターネットへの接続に必要な IP アドレスの払い出しなどを
担っています。

4

日常で使うインターネットを支えるプロトコルのきほん

第5章 ネットワークを支える技術のきほん

26

第5章　ネットワークを支える技術のきほん

DHCPのきほん

DHCP は IP アドレスを自動設定するためのプロトコルです。通信には IP アドレスが必要だという話は第 2 章でしましたが、IP アドレスの設定はどのように行われているのでしょうか？

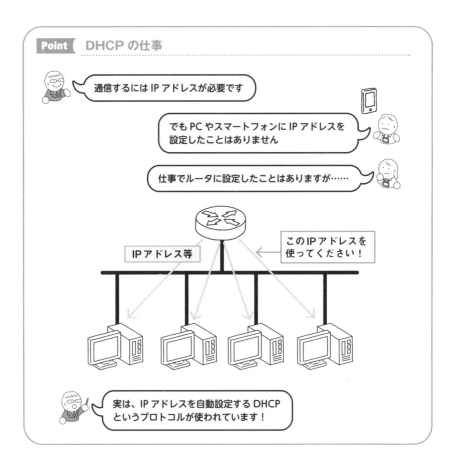

Point DHCP の仕事

通信するには IP アドレスが必要です

でも PC やスマートフォンに IP アドレスを設定したことはありません

仕事でルータに設定したことはありますが……

IP アドレス等

この IP アドレスを使ってください！

実は、IP アドレスを自動設定する DHCP というプロトコルが使われています！

202

26-1 DHCPはIPアドレスを配布、設定するプロトコル

通信をする際は、送信元と宛先のIPアドレスを指定しなければなりません。Webの通信であれ何であれ、現代のIPを用いた通信ではIPヘッダに送信元と宛先のIPアドレスをセットしたうえで送信し、道中のルータなどがその情報を確認し、適切な宛先に向けて送り出してくれます。

私たちが普段使っているPCやスマートフォンなどの端末にはIPアドレスが設定されており、それらを送信元のIPアドレスとして使用しています。しかし、これらにIPアドレスを手動で設定している人は少ないでしょう。

それでは、誰がどのようにIPアドレスの設定を行っているのでしょうか？そこで用いられているのが**DHCP**（Dynamic Host Configuration Protocol）です。DHCPを用いることで、一つ一つの端末に手動でIPアドレスなどのネットワーク設定を施すことなく、DHCPサーバで設定した内容をネットワーク内の端末に配布することができます。

DHCPは**アプリケーション層**に属するプロトコルです。

普段PCやスマートフォンにIPアドレスを設定しなくてもネットワークを使えているのは、DHCPのおかげです

ノートPCなどの持ち運ぶ端末は接続するネットワークが変わることも多いし、DHCPがないと大変ですね

スマートフォンやノートPCの場合、ネットワークが変わるたびにIPアドレスの設定を手動でしていたらきりがありません

DHCPがあることで手間を省くことができます。皆さんの家庭では、Wi-FiルータがDHCPサーバの役割を果たしているはずです

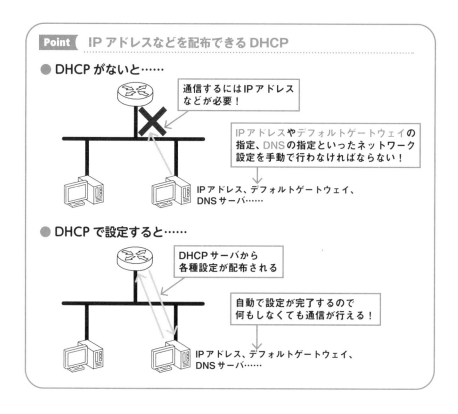

Point IP アドレスなどを配布できる DHCP

● DHCP がないと……

通信するには IP アドレス
などが必要！

IP アドレスやデフォルトゲートウェイの
指定、DNS の指定といったネットワーク
設定を手動で行わなければならない！

IP アドレス、デフォルトゲートウェイ、
DNS サーバ……

● DHCP で設定すると……

DHCP サーバから
各種設定が配布される

自動で設定が完了するので
何もしなくても通信が行える！

IP アドレス、デフォルトゲートウェイ、
DNS サーバ……

　また、DHCP を使った割り当てでは、IP アドレス以外の情報を通知できる
のも 1 つのメリットです。例えば、デフォルトゲートウェイのアドレスや
DNS サーバのアドレスなど、通信をするうえで必要になる IP アドレス以外
の情報も一緒に各端末に配布することができます。

26-2 IP アドレスの割り当て方法

　IP アドレスを各端末に割り当てるには、2 つの方法があります。手動で割
り当てる方法と、DHCP を使って動的に割り当てる方法です。

手動での割り当てのメリットとデメリット

　手動で割り当てる場合は、各端末のユーザーが手動で設定を行います。ネッ

トワークの管理者は、各ユーザーに適した IP アドレスを払い出し、その IP が使用中であることを管理しなければなりません。小規模なネットワークであれば問題ありませんし、IP アドレスと端末を明確に紐づけることができるというメリットも存在します。

しかし、台数が増えればその分管理が煩雑になり、管理者に負担がかかります。

動的な割り当てのメリットとデメリット

DHCP を用いた動的な割り当てでは、管理者は DHCP サーバを設定し、各ユーザーは端末を起動するだけで IP アドレスが払い出され、ネットワークを使用することができるようになります。

使用者や端末をセットアップする人は設定を手動で行わずに済むため、手間を省くことができます。また、管理者も DHCP サーバを設定するだけで一つ一つの IP アドレスを管理せずに済むため、管理に掛かる負担を大きく減らすことができます。

しかし、DHCP を使った割り当てでは、IP アドレスとそれが割り当てられた端末を紐づけておくことが難しい、というデメリットが存在します。IP アドレスを使ったネットワークへのアクセス制御などを行いたい場合は、動的な割り当てだと、アクセスを制御したい端末の IP アドレスがわからない、といった問題があるのです。しかし、一般的な企業や家庭などの LAN 内での運用でこういったデメリットが問題になることはあまりありません。

サーバやネットワーク機器など、IP アドレスが変化したり、わからなかったりしては困るものに関しては、DHCP を使わず手動で設定するのが一般的です。

Point IP アドレスの割り当て方法

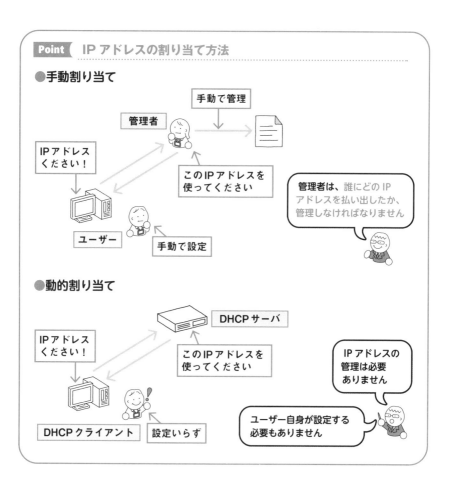

●手動割り当て

手動で管理

管理者

IPアドレス
ください！

このIPアドレスを
使ってください

管理者は、誰にどの IP
アドレスを払い出したか、
管理しなければなりません

ユーザー

手動で設定

●動的割り当て

DHCP サーバ

IPアドレス
ください！

このIPアドレスを
使ってください

IP アドレスの
管理は必要
ありません

DHCP クライアント

設定いらず

ユーザー自身が設定する
必要もありません

Point DHCP を使った IP アドレスの割り当て

●メリット

- 手動で設定する手間を省くことができる
- IP アドレス一つ一つを管理せずに済む
- IP アドレス以外の情報も同時に配布できる

●デメリット

- IP アドレスと端末を紐づけて管理することが難しい

26-3 DHCPの仕組みを学ぼう

　DHCPは**クライアント – サーバ型**のプロトコルです。DHCPを使ってIPアドレスなどを提供するサーバを **DHCP サーバ**、PCなどのIPアドレスを受け取る端末を **DHCP クライアント**といいます。

　では、実際にIPアドレスの払い出しが行われる際にはどのような通信が行われているのでしょうか。DHCPサーバとDHCPクライアントの間で行われる通信を、次の図で追いかけてみましょう。

Point DHCP 通信の流れ

DHCP クライアント　　　　　　　　　　　　　DHCP サーバ

① DHCP Discover →

② ← DHCP Offer

③ DHCP Request →

④ ← DHCP Ack

4つの通信が行われているんですね！

① **DHCP Discover**
　DHCP クライアントが DHCP Discover（探索）をブロードキャストで送信

② **DHCP Offer**
　Discover を受信したサーバがクライアントに対してIPアドレスの提案を行う DHCP Offer（提案）を送信

③ **DHCP Request**
　Offer を受信したクライアントは、サーバに対してIPアドレスの使用要求である DHCP Request（要求）を送信

④ **DHCP Ack**
　Request を受信したサーバは、IPアドレスを払い出すことを承認する DHCP Ack（承認）を送信

　DHCP クライアントと DHCP サーバの間では、4つの通信が行われています。この通信を用いて、DHCP クライアントはサーバを探し、DHCP サーバ

はクライアントに IP アドレスを提案・提供します。

　基本的な DHCP の仕組みはシンプルです。**クライアントがサーバを探し、IP アドレスの提案を受け、それを要求し、サーバが承認する。**この流れを覚えておきましょう。

26-4 DHCP をパケットキャプチャしてみよう

　実際に DHCP のパケットを見てみましょう。ここでは Windows で DHCP を用いて IP アドレスの設定が行われる際のパケットを見てみます。

　Wireshark を起動して、キャプチャを開始しましょう。皆さんの PC がインターネットにアクセスできる状態なら、既に DHCP で IP アドレスが設定されています。そこで、コマンドプロンプトから IP アドレスを再設定するようにします。

　Windows 環境であればコマンドプロンプトを起動して、次のコマンドを実行してみましょう。

```
ipconfig /release
```

```
ipconfig /renew
```

Point　DHCP で IP アドレスを再取得する

DHCP で設定された　IP アドレスを解放する

```
ipconfig /release
```

> コマンド プロンプト

```
C:\Users\kawashima>ipconfig /release

Windows IP 構成
```

DHCP サーバに対して　新しいIP アドレスを要求する

```
ipconfig /renew
```

> コマンド プロンプト

```
C:\Users\kawashima>ipconfig /renew

Windows IP 構成
```

> IP アドレスを意図的に解放して、新規に
> 要求することができます。普段は PC の
> 起動時などに同じようなことが行われています

　Wireshark でキャプチャを取りつつこれらのコマンドを実行すると、
DHCP のパケットが流れているのを確認できます。

　それでは、Wireshark の画面を見てみましょう。

● DHCP で IP アドレスを再取得する

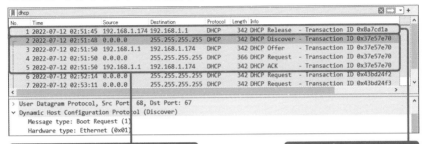

【Download】26-05_dhcp_capture_new.pcapng

　このように DHCP の解放および新規取得のためのパケットが合計 5 つ、流れているのがわかるかと思います。環境によりますが、一般的な家庭のネットワークの場合、家庭用のルータなどが DHCP サーバの機能を担っていることが多くなっています。

 この仕組みのおかげで IP アドレスの設定を
しなくても、ネットワークが使えるんですね

そうですね。DHCP のサーバ側の設定は、環境
さえあれば意外と気軽にできるんですよ

DHCP サーバの構築やルータを使った DHCP
サーバ機能の設定など、環境が手元に用意できる
人は実際にやってみましょう

210

27 NAT、NAPTのきほん

NATは私たちがインターネットを使う際に欠かすことのできない重要な技術です。少々複雑な部分もありますが、概要をしっかり捉えておきましょう。

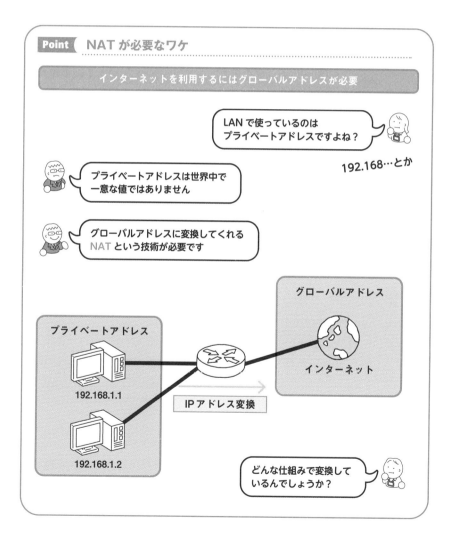

27-1 IPアドレスには限りがある

　第2章で説明しましたが、私たちが普段使っているIPアドレスには**グローバルアドレス**と**プライベートアドレス**の2種類が存在します。グローバルアドレスは、インターネット上で一意な（重複のない）アドレスとして定義されているアドレスの範囲です。プライベートアドレスは企業内や家庭内など、LANの内側であれば自由に値を決めて扱ってよいアドレスの範囲を指すものです。

　インターネット上の端末、例えばどこかのWebサーバなどと通信をするためには、私たちの扱う送信元の端末が一意なアドレスを持っていなければなりません。もし送信元の端末が一意なアドレスを持っていなければ、サーバが返答をするときに宛先を定めることができなくなってしまうからです。

　しかし、IPアドレスには限りがあります。これまで一般的であったIPv4アドレスは約42億個しかなく、その中でも私たちが触れる端末に割り振ることができるアドレスの数は限られています。しかし、世界中でIPアドレスを必要とする端末は年々増えており、42億個では足りない状態です。

27-2 NATはIPアドレスを変換する技術

　そこで、LAN内にある端末がインターネット上と通信をする際は、端末自身が持つプライベートアドレスをそのLANの出入り口が持つ1つのグローバルアドレスに変換して通信を行います。LAN内の複数の端末が1つのグローバルアドレスを共有して使うことでIPアドレスの数を節約することができます。

　この際に用いられているIPアドレスの変換技術を **NAT**（Network Address Translation）といいます。

　LAN内から外に向けて通信をする際は、送信元IPアドレスをプライベートアドレスからグローバルアドレスに変換します。それに対して外から通信が返ってくる際は、宛先IPアドレスをグローバルアドレスからプライベートアドレスに変換します。

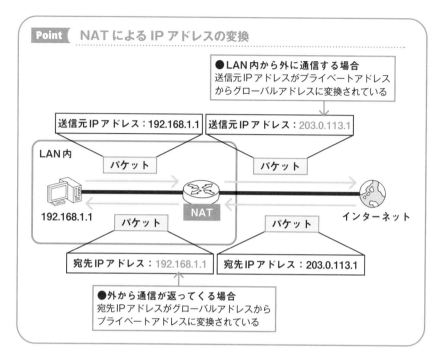

Point NATによるIPアドレスの変換

●LAN内から外に通信する場合
送信元IPアドレスがプライベートアドレス
からグローバルアドレスに変換されている

送信元IPアドレス：192.168.1.1 | 送信元IPアドレス：203.0.113.1

LAN内

パケット | パケット

192.168.1.1 | NAT | インターネット

パケット | パケット

宛先IPアドレス：192.168.1.1 | 宛先IPアドレス：203.0.113.1

●外から通信が返ってくる場合
宛先IPアドレスがグローバルアドレスから
プライベートアドレスに変換されている

NATがないとIPアドレスが
足りなくなってしまいます

確かに私たちの身の回りでも、通信を行っている
端末はとても多いですね。スマートフォンにPC、
ゲーム機やテレビとか…

最近だとIoT機器などもインターネット
を使っているから、IPアドレスが必要な
端末はどんどん増えています

だからNATが必要なんですね

27-3 NAT、NAPTの仕組みを学ぼう

　NAT（Network Address Translation）はその名前の通り、IPアドレスを変換する技術です。流れてきたIPパケットのヘッダに含まれるアドレスを、あらかじめ決められたルールに則って別のアドレスに変換します。NATには**静的NAT**と**動的NAT**があります。

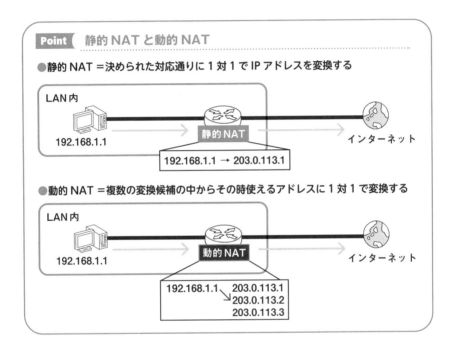

Point　静的NATと動的NAT

●静的NAT＝決められた対応通りに1対1でIPアドレスを変換する

LAN内
192.168.1.1
静的NAT
192.168.1.1 → 203.0.113.1
インターネット

●動的NAT＝複数の変換候補の中からその時使えるアドレスに1対1で変換する

LAN内
192.168.1.1
動的NAT
192.168.1.1　203.0.113.1
　　　　　　　203.0.113.2
　　　　　　　203.0.113.3
インターネット

　静的NATや動的NATはIPアドレスを1対1で変換します。NATを使ってインターネット上で通信をするには、プライベートアドレス1つにつきグローバルアドレス1つが必要になります。これでは、グローバルアドレスの数は通信を行いたい端末の台数分必要になってしまい、IPアドレスの節約は実現できません。
　そこで、IPアドレスに加えてポート番号も変換対象に加えることで、1つのグローバルアドレスを複数のプライベートアドレスで共有することができるようにしています。この技術を**NAPT**（Network Address Port

214

Translation）といいます。

　インターネットへの接続では、一般的に NAPT が使われています。家庭用のルータでは、NAPT を指して NAT と呼んでいることも多くなっています。また Linux などでは、NAPT は IP マスカレードと呼ばれることもあります。

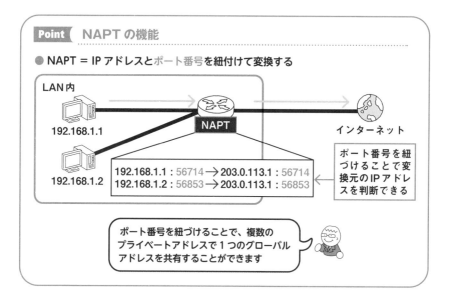

Point　NAPT の機能

● NAPT ＝ IP アドレスとポート番号を紐付けて変換する

LAN内

192.168.1.1

NAPT

インターネット

192.168.1.2

192.168.1.1 : 56714 → 203.0.113.1 : 56714
192.168.1.2 : 56853 → 203.0.113.1 : 56853

ポート番号を紐づけることで変換元のIPアドレスを判断できる

ポート番号を紐づけることで、複数のプライベートアドレスで1つのグローバルアドレスを共有することができます

Point　NAT、NAPT の特徴

● NAT（Network Address Translation）
● IP アドレスの変換を行う
● IP アドレスをルールに則って 1 対 1 で変換する

● NAPT（Network Address Port Translation）
● IP アドレスの変換にポート番号を紐づける（ポート番号も変換されることがある）
● 1 つのグローバルアドレスを複数のプライベートアドレスで共有できる

27-4 一般的な NAT の構成例を見てみよう

　ここでは、NAT の一般的なネットワーク構成の例を 2 つ見てみましょう。

　1 つ目は LAN 内からインターネットへ接続する場合の構成、2 つ目は LAN 内の端末をインターネット上に公開する場合の構成です。

LAN 内からインターネットへ接続する場合

　動的 NAPT が用いられる、最も一般的な構成です。例を挙げると、家庭や企業などのネットワークからインターネットへ接続する場合が該当します。この場合、NAPT は外部と接続するルータが担当することが多くなっています。

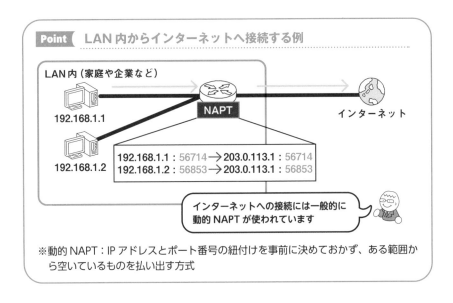

Point　LAN 内からインターネットへ接続する例

LAN 内（家庭や企業など）

192.168.1.1

192.168.1.2

NAPT

インターネット

192.168.1.1：56714 → 203.0.113.1：56714
192.168.1.2：56853 → 203.0.113.1：56853

インターネットへの接続には一般的に
動的 NAPT が使われています

※動的 NAPT：IP アドレスとポート番号の紐付けを事前に決めておかず、ある範囲から空いているものを払い出す方式

LAN 内の端末をインターネット上に公開する場合

　LAN 内の端末をインターネット上に公開する場合、**静的 NAPT** を使用して事前に LAN 内の IP アドレスとポート番号を紐づけておき、インターネット上からの通信に対して NAPT を行います。

　LAN 内の端末を外部へ公開する方法は多数存在するため、あくまで一例と

して捉えておいてください。

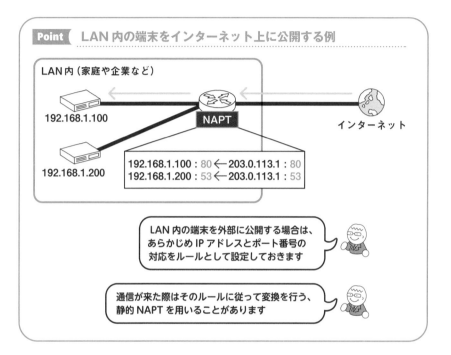

Point **LAN 内の端末をインターネット上に公開する例**

LAN内（家庭や企業など）

192.168.1.100

192.168.1.200

NAPT

192.168.1.100 : 80 ← 203.0.113.1 : 80
192.168.1.200 : 53 ← 203.0.113.1 : 53

インターネット

LAN 内の端末を外部に公開する場合は、
あらかじめ IP アドレスとポート番号の
対応をルールとして設定しておきます

通信が来た際はそのルールに従って変換を行う、
静的 NAPT を用いることがあります

 NAPT はちょっと難しいですね……

 基本的に NAT は IP アドレスを変換、
NAPT は IP アドレスの変換に
ポート番号を紐づける、と覚えておきます

NAT や NAPT は、機器のメーカーやバージョンに
よって動作や設定が異なることがあります。実際に
試す場合は、よく調べたうえで扱いましょう

28 NTPのきほん

PCやネットワーク機器では正確な時刻が設定されていることが重要です。ネットワークを通じて時刻を合わせるプロトコルであるNTPを見ていきましょう。

28-1 NTPは機器の時刻を合わせるプロトコル

　私たちが普段使用しているPCやスマートフォンは、常に正確な時刻を表示しています。しかし実際は、PCやスマートフォン、そしてインフラで用いられるネットワーク機器なども、時計と同じように長く動作していると少しずつ時刻がずれてしまうことがあります。

　サーバやネットワーク機器ではログを収集し、内容を後から確認することがよくあります。ログにはタイムスタンプとしてログが発生したときの時刻を残すことが多いですが、機器の時刻がずれているとログに正確な時刻が反映されなくなってしまい、複数の機器のログを確認する際に時系列を正確に把握することができなくなってしまいます。

　このため、PCやネットワーク機器でも常に時刻を正確に合わせておく必要があります。しかし、1台ならともかく、手動で多数の機器の時刻をコンマ1秒単位まで正確に合わせるのは不可能です。

　そこで、時刻を正確に合わせるために、PCやネットワーク機器は **NTP**（Network Time Protocol）というプロトコルを使っています。NTPを使ってインターネット上やLAN内などに存在するNTPサーバと時刻の同期を行い、各機器の時刻を正確に保つようにしています。

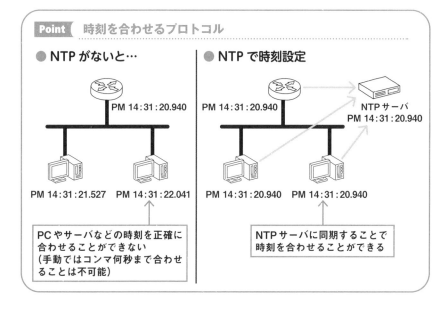

Point 時刻を合わせるプロトコル

● NTP がないと…

PM 14:31:20.940

PM 14:31:21.527　PM 14:31:22.041

PCやサーバなどの時刻を正確に
合わせることができない
（手動ではコンマ何秒まで合わせ
ることは不可能）

● NTP で時刻設定

PM 14:31:20.940

NTP サーバ
PM 14:31:20.940

PM 14:31:20.940　PM 14:31:20.940

NTP サーバに同期することで
時刻を合わせることができる

確かにスマートフォンなどの時計は
いつも正確ですよね

私たちが普段使う PC やスマートフォンはデフォルト
で NTP が設定されていたり、NTP と同じような時刻
同期・修正の規格に則っていたりします

そのおかげで正確な時刻で動作しているんですね

28-2 NTP の階層構造を学ぼう

NTP の仕組みについて見ていきましょう。

NTP では、**NTP サーバと NTP クライアントの間**で通信を行い、**NTP サー
バから受け取った時刻情報を基にクライアント自身の時刻を修正**します。
NTP サーバから受け取る情報の中には、サーバの時刻だけではなくネットワー

クの遅延やサーバ側の処理にかかる時間を考慮に入れるための情報が含まれています。それらを基に正確な時刻を推測し、時刻を設定します。NTP は、UDP のポート番号 123 番を使用しています。

　NTP サーバは階層構造を持っており、各階層を示す値を **stratum（ストレイタム）** といいます。stratum は 0 から 15 まで定義されています。

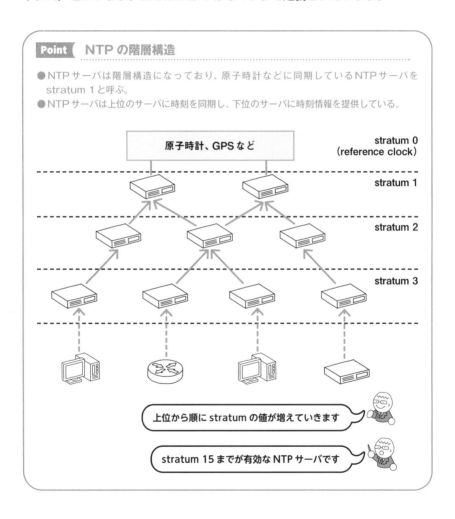

Point　NTP の階層構造

● NTP サーバは階層構造になっており、原子時計などに同期している NTP サーバを stratum 1 と呼ぶ。
● NTP サーバは上位のサーバに時刻を同期し、下位のサーバに時刻情報を提供している。

原子時計、GPS など　stratum 0（reference clock）

stratum 1

stratum 2

stratum 3

上位から順に stratum の値が増えていきます

stratum 15 までが有効な NTP サーバです

　stratum 0 は原子時計や GPS といった、とても精度の高い時刻を保持する媒体で、これらを **reference clock** と呼ぶこともあります。stratum 0 の下

にはそれに同期する stratum 1 の NTP サーバが用意され、stratum 1 の下に 1 に同期する stratum 2 の NTP サーバが、2 の下に 3 の NTP サーバが……と、stratum 0 から NTP サーバを経由するごとに stratum の番号が増えていく階層構造になっています。

　国内外の様々な機関で stratum 1 や 2 の NTP サーバが公開されています。日本国内であれば、NICT（国立研究開発法人情報通信研究機構）やインターネットマルチフィード株式会社（mfeed）が無償で利用できる NTP サーバを公開しています。

　LAN 内で複数のサーバやネットワーク機器を運用する場合は、外部の NTP サーバと同期する機器を 1 台用意し、他の機器は外部と同期している NTP サーバに対して同期する、という構成を取ることがあります。

28-3 NTP をパケットキャプチャしてみよう

　それでは、NTP を使った時刻の同期などで送受信されるパケットを確認してみましょう。

　Windows の場合、[コントロールパネル] > [日付と時刻] > [インターネット時刻] から、同期する NTP サーバを指定できるようになっています。

　今回は、Windows のデフォルト設定から NICT が公開している NTP サーバのアドレスに変更してみます。Wireshark でパケットキャプチャをしている状態で [今すぐ更新] をクリックして、NTP のパケットを発生させてみましょう。

　次に示すのは、Windows 10 での方法です。キャプチャしたパケットを、続けて掲載しています。

①コントロールパネルを開き、［日付と時刻］をクリックします。

②［インターネット時刻］タブから［設定の変更］をクリックします。

③サーバ欄に「ntp.nict.jp」と入力し、［今すぐ更新］をクリックします。

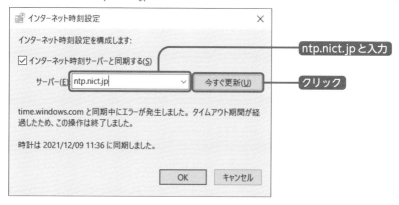

●クライアント → NTP サーバ

```
v Network Time Protocol (NTP Version 3, client)
   v Flags: 0xdb, Leap Indicator: unknown (clock unsynchronized), Version number: NTP Version 3   Mode: client
      11.. .... = Leap Indicator: unknown (clock unsynchronized) (3)
      ..01 1... = Version number: NTP Version 3 (3)
      .... .011 = Mode: client (3)
      [Response In: 34]
      Peer Clock Stratum: unspecified or invalid (0)
      Peer Polling Interval: 10 (1024 seconds)
      Peer Clock Precision: 0.000000 seconds
      Root Delay: 0.014374 seconds
      Root Dispersion: 8.800156 seconds
      Reference ID: NULL
      Reference Timestamp: Dec  9, 2021 06:10:50.724735699 UTC
      Origin Timestamp: (0)Jan  1, 1970 00:00:00.000000000 UTC
      Receive Timestamp: (0)Jan  1, 1970 00:00:00.000000000 UTC
      Transmit Timestamp: Dec  9, 2021 06:11:00.146736699 UTC
```

NTPのバージョン

NTPのモード
client：クライアントからの通信
server：サーバからの通信

【Download】28-04_ntp_capture.pcapng

● NTP サーバ → クライアント

```
v Network Time Protocol (NTP Version 3, server)
   v Flags: 0x1c, Leap Indicator: no warning, Version number: NTP Version 3, Mode: server
      00.. .... = Leap Indicator: no warning (0)
      ..01 1... = Version number: NTP Version 3 (3)
      .... .100 = Mode: server (4)
      [Request In: 33]
      [Delta Time: 0.011083000 seconds]
      Peer Clock Stratum: primary reference (1)
      Peer Polling Interval: 10 (1024 seconds)
      Peer Clock Precision: 0.000001 seconds
      Root Delay: 0.000000 seconds
      Root Dispersion: 0.000000 seconds
      Reference ID: Unidentified reference source 'NICT'
      Reference Timestamp: Dec  9, 2021 06:11:00.000000000 UTC
      Origin Timestamp: Dec  9, 2021 06:11:00.146736699 UTC
      Receive Timestamp: Dec  9, 2021 06:11:00.190427267 UTC
      Transmit Timestamp: Dec  9, 2021 06:11:00.190428083 UTC
```

NTPサーバのstratum

時刻同期に必要な情報
（相手の時刻情報や自身の時刻情報など）

【Download】28-04_ntp_capture.pcapng

クライアントから NTP サーバへのパケットには、NTP のバージョン、自身がクライアントであることを示すモードの情報、自身が相手に NTP パケットを送信した時刻などが含まれています。

NTP サーバからクライアントへのパケットには、NTP のバージョンや自身がサーバであることを示すモード、NTP サーバの stratum の値、時刻同期に必要ないくつかの時刻情報などが含まれています。

NTP のやり取りは、時刻を聞いて、もらった時刻情報に自身を合わせるというシンプルなものなんですね

パケットの数だけを見るとシンプルですが、実際には様々な要素を使って時刻を合わせています

例えば、パケットの到着にかかる時間、サーバの処理にかかる時間、ネットワークの遅延などを使っています

実は結構複雑なんですね……

裏側は複雑ですが、ここでは NTP の仕組みとやり取りの流れをざっくりと把握しておきましょう

マメ知識

スマートフォンの時刻同期

スマートフォンでは、NTP ではなく **NITZ**（Network Identity and Time Zone）という規格を用いて時刻を合わせています。NITZ は、通信キャリアから提供された時刻情報などを基地局経由で受信し、時刻修正に用いる規格です。日本では、3 大キャリア全てが NITZ を提供しているため、MVNO なども含めた回線が NITZ に対応しています。

29 ARPのきほん

インターネットの世界で通信するには2つのアドレスが必要不可欠です。それらを紐づけるプロトコルについて解説します。

29-1 ARPはIPアドレスとMACアドレスを紐づける

　私たちがPCなどを使って何かの端末と通信する場合、IPアドレスやDNSで解決できるホスト名を宛先として指定することが多いかと思います。Webサイトなどを閲覧する際も、DNSを使ってURLをIPアドレスに変換し通信が行われることは、**22**のDNSの説明で解説しました。

　しかし、実際に通信を行うには、宛先のIPアドレスだけでは足りません。データリンク層のヘッダでカプセル化する必要があるため、**宛先MACアドレス**の情報が必要になります。そこで、宛先のIPアドレスから宛先のMACアドレスを求める方法が作られました。それが**ARP**（Address Resolution Protocol）です。

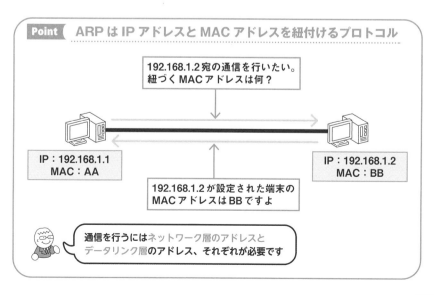

Point　ARPはIPアドレスとMACアドレスを紐付けるプロトコル

192.168.1.2宛の通信を行いたい。
紐づくMACアドレスは何？

IP：192.168.1.1
MAC：AA

192.168.1.2が設定された端末の
MACアドレスはBBですよ

IP：192.168.1.2
MAC：BB

通信を行うにはネットワーク層のアドレスと
データリンク層のアドレス、それぞれが必要です

29-2 なぜ ARP が必要なのか？

そもそもなぜ ARP が使われるんでしょうか？

IP アドレスと MAC アドレス、なぜ 2 つの
アドレスがあるのでしょう？

ARP の必要性を知るには、2 つのアドレスがなぜ
必要なのか、簡単に理解しておく必要があります

　IP アドレスはネットワーク層のプロトコルである **IP** で定義されているアドレスです。また、MAC アドレスはデータリンク層のプロトコルである **Ethernet** で定義されたアドレスです。通信を行う際、なぜこれら 2 つのアドレスが必要なのでしょうか。

IP アドレスと MAC アドレスの違い

　そもそも、IP アドレスと MAC アドレスは管理している団体が異なります。IP アドレスは IANA が、MAC アドレスは IEEE が管理・配布しています。

　IP アドレスについては、グローバルアドレスは IANA が地域ごとに適切なアドレスを配布しており、プライベートアドレスはそのネットワークの管理者が管理しています。そのため、IP アドレスはネットワーク上の**場所を示す情報**として効率よく管理したり通信に用いたりすることができるようになっています。

　しかし、IP アドレスはハードウェアではなくソフトウェア的に端末に後から定義する値なので、1 つの端末を恒久的に表すものとしては使えません。

　それに対し、MAC アドレスは IEEE が管理し、前半 24bit を企業に割り当て、後半 24bit を企業が定義し、NIC に割り当てています。生産時にハードウェアに割り当てられるため、その後、どの MAC アドレスが世界中のどこで使われているかを特定する方法はありません。そのため、MAC アドレスでネットワーク上の場所を効率よく管理することはできません。

　しかし、MAC アドレスはハードウェアに紐づいているため、IP アドレス

226

とは異なり、設定などに左右されずに**1つのハードウェアを表す**ことができます。

IPアドレスとMACアドレスの役割分担

　以上のことから、IPアドレスによってネットワーク上の場所や最終的な宛先を示し、MACアドレスで次に通信する端末を表す、と役割が分担されることになりました。データリンク層やネットワーク層のプロトコルがIPやEthernet以外になり、アドレスの定義が代わっても、この考え方そのものは大きくは変わりません。

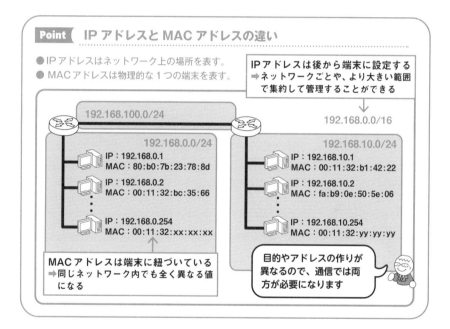

　IPアドレスだけでは1つのハードウェアを表し続けることはできず、MACアドレスだけでは効率よく宛先を管理できません。2つを組み合わせて使うことで、インターネットのような広大なネットワークでも、効率よく端末とアドレスを管理することができるのです。

　そこで、通信をする際にはネットワーク層のアドレスとデータリンク層のアドレスの両方が必要となり、それらを紐づけるためにARPが必要になるわ

けです。ARP では、IP や Ethernet 以外のプロトコルで定義されているアド
レスも扱うことができます。

29-3 ARP をパケットキャプチャしてみよう

　それでは実際に ARP のパケットを見ながら、ARP の仕組みを確認してみま
しょう。
　ARP は、**ARP Request** と **ARP Reply** の 2 つのパケットから成り立って
います。ARP Request をブロードキャストして宛先の MAC アドレスを問い
合わせ、ARP Reply で宛先から返答を得て、それぞれの内容を確認します。
　Wireshark でパケットキャプチャを行っている状態で、どこかの Web サ
イトへアクセスしてみましょう。インターネットへのアクセスは、LAN から
インターネットへ出る際にデフォルトゲートウェイを通過する必要があるた
め、デフォルトゲートウェイの MAC アドレスを調べるために ARP のやり取
りが発生します。

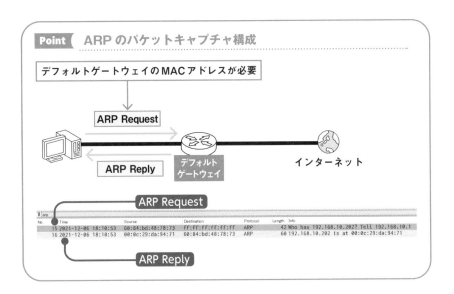

Point　**ARP のパケットキャプチャ構成**

ARP Request

　ARP Request はブロードキャストで送信されるため、Ethernet ヘッダが
ブロードキャストアドレスを示す値（ff:ff:ff:ff:ff:ff）になっています。ARP
のデータ部分には、自身を表す送信元 MAC アドレスと送信元 IP アドレス、
宛先を示す宛先 MAC アドレスと宛先 IP アドレスの項目があります。宛先
MAC アドレスを調べるのが ARP Request の目的ですので、宛先 MAC アド
レスはブランク（00:00:00:00:00:00）になっています。

● ARP Request

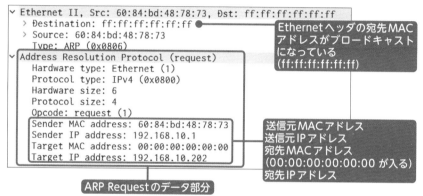

ARP Request のデータ部分

【Download】29-03_29-04_29-05_arp_capture.pcapng

ARP Reply

　続いて、ARP Reply を見ていきます。ARP Reply は Request を送った宛
先からユニキャストで自身に返ってきます。Reply の場合、Sender に入って
いるのが返答をしてきた端末の情報、つまり今回 ARP で調べたかった宛先の
情報です。

ネットワークを支える技術のきほん

5

229

● ARP Reply

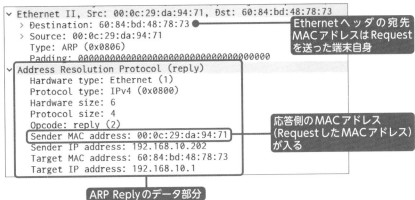

```
∨ Ethernet II, Src: 00:0c:29:da:94:71, Dst: 60:84:bd:48:78:73
  > Destination: 60:84:bd:48:78:73 ●
  > Source: 00:0c:29:da:94:71
    Type: ARP (0x0806)
    Padding: 000000000000000000000000000000000000
∨ Address Resolution Protocol (reply)
    Hardware type: Ethernet (1)
    Protocol type: IPv4 (0x0800)
    Hardware size: 6
    Protocol size: 4
    Opcode: reply (2)
    Sender MAC address: 00:0c:29:da:94:71
    Sender IP address: 192.168.10.202
    Target MAC address: 60:84:bd:48:78:73
    Target IP address: 192.168.10.1
```

Ethernetヘッダの宛先MACアドレスはRequestを送った端末自身

応答側のMACアドレス（RequestしたMACアドレス）が入る

ARP Replyのデータ部分

【Download】29-03_29-04_29-05_arp_capture.pcapng

　このように、2 つのパケットを使って宛先の MAC アドレスを調べること
ができます。ARP で調べた MAC アドレスを用いて、本来の目的である通信
を行うのです。

ルーティングプロトコルのきほん

広大なインターネット上では、宛先にたどり着くための道案内が必要です。ネットワーク上の経路情報を作成するプロトコルを見ていきましょう。

30-1 ルーティングはネットワーク上の道案内

インターネットは様々な団体が管理するネットワークの集合体です。多くの機器が相互に接続し、世界中の通信を実現しています。その中で、私たちがインターネット上のどこかにあるサーバなどと通信を行うためには、ネットワーク上の道案内が必要になります。

第2章でも説明しましたが、**IP（Internet Protocol）の重要な役割の1つにルーティングがあります。ルーティング**とは、離れたネットワーク上の端末同士が通信をする際、宛先IPアドレスまでパケットを届けるための機能です。

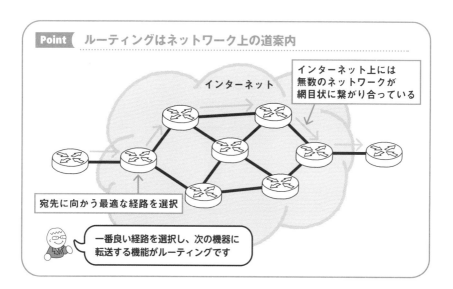

Point　ルーティングはネットワーク上の道案内

インターネット上には無数のネットワークが網目状に繋がり合っている

インターネット

宛先に向かう最適な経路を選択

一番良い経路を選択し、次の機器に転送する機能がルーティングです

大小様々なネットワークが相互に接続した空間で通信を行うには、通信相手にたどり着くための経路が必要です。どのネットワークを通り、どの機器を経由していくのが最短、最良の経路なのか。これを判断するのがルーティングの役割なのです。

30-2 ルーティングには2つの方法がある

では、ルーティングの中身を見ていきましょう。実際に通信が行われる際、ルータなどのネットワーク層の役割を持つ機器は、自身の**ルーティングテーブル**に記載された情報を基に、流れてきたパケットを次の機器に向けて転送します。

ルーティングテーブルには経路情報が記載されています。経路情報は、宛先ネットワークやネクストホップの情報、その他いくつかの細かい内容などを含んだ情報です。**ネクストホップ**とは、次にどの機器に転送するかを示す情報です。この経路情報は、何もしなければL3機器自身に直接接続されているネットワークの情報しか取得できません。このため、何らかの方法で機器に経路情報を学習させなければなりません。

ネットワークの情報を各機器に学習させる方法は、大きく分けて2つ存在します。**スタティックルーティング**と**ダイナミックルーティング**です。

30-3 スタティックルーティングを学ぼう

スタティックルーティングは、特定の宛先への経路情報を**手動**で機器に登録する方法です。ネットワークの管理者が、特定の宛先へ到達するための情報をそれぞれのネットワーク機器に登録します。設定した内容は機器のルーティングテーブルに反映され、該当する宛先へのパケットの転送に用いられます。

一つ一つの宛先への経路情報を手動で登録しなければならないため、規模の大きなネットワークをスタティックルーティングのみで設定するのは現実

的ではありません。小中規模のネットワークや、インターネット方向へのアクセスに用いられるデフォルトルートの設定などで使われます。

　また、スタティックルーティングで設定した経路情報は、障害などが起きてその経路が使えなくなったとしても、そのまま利用され続けてしまいます。そのため、障害に対応して経路を変更するといった柔軟な対応はできません。

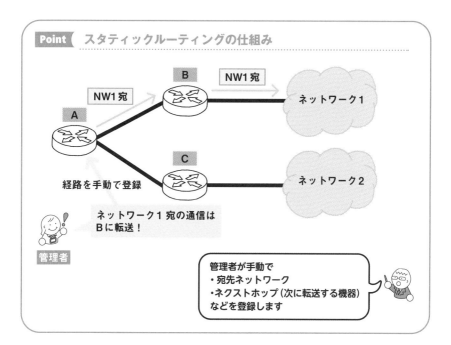

Point スタティックルーティングの仕組み

Point スタティックルーティングの特徴

● 経路情報を手動で登録する

● ルータへの負荷が少ない

● 障害時の切り替えなどを自動で行うことができない

● 管理者への負担が大きい

30-4 ダイナミックルーティングを学ぼう

　ダイナミックルーティングは、ダイナミック（動的）という名前の通り、経路情報を動的に学習させる方法です。隣接しているルータなどのL3機器間で情報交換を行い、経路情報を学習、ルーティングテーブルに反映していきます。情報交換のルールや情報の種類などを定めているのが**ルーティングプロトコル**です。

　ダイナミックルーティングでは、管理者は各機器にルーティングプロトコルの設定を行うだけでよく、経路情報を一つ一つ登録する必要はありません。大規模なネットワークなどでは経路情報の数が膨大になるため、ダイナミックルーティングが活用されています。さらにダイナミックルーティングの場合、障害などが起きた際はその情報も機器間で共有され、代替経路を自動で作成することができます。

　その反面、機器間での情報交換や、取得した情報から経路を作成する処理などが発生するため、機器への負荷が発生します。経路情報が多ければ多いほど、機器へかかる負荷も増えていきます。

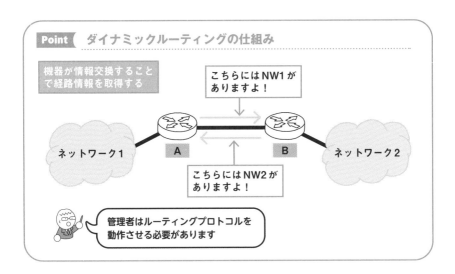

Point　ダイナミックルーティングの仕組み

機器が情報交換することで経路情報を取得する

こちらにはNW1がありますよ！

ネットワーク1　A　B　ネットワーク2

こちらにはNW2がありますよ！

管理者はルーティングプロトコルを動作させる必要があります

> **Point** ダイナミックルーティングの特徴
>
> ● 機器間で情報交換を行い、自動で経路情報を作成する
>
> ● ルーティングプロトコルに則って情報交換を行う
>
> ● 経路情報の交換や経路情報の作成など、機器への負荷が発生する
>
> ● 障害時の切り替えなどを自動で行うことができる

スタティックルーティングとダイナミックルーティング、それぞれの特徴を押さえておきましょう

どちらもそれぞれ異なったメリットとデメリットがあるんですね

そうですね。どちらが良い悪いというものではなく、ネットワークの規模や条件によって使い分けたり併用したりします

どちらも理解して扱えるようにならないといけませんね

30-5 ルーティングプロトコルの種類を学ぼう

　それでは、ダイナミックルーティングの際に用いられる**ルーティングプロトコル**について見ていきましょう。

　ルーティングプロトコルは、機器間で情報交換を行うための取り決めをしているプロトコルです。それぞれの機器は自身に直接繋がっているネットワークの情報を持っています。それらを機器間で交換し合うことで、経路情報を作成するために必要な情報を共有しています。その交換の際、どのような情報をどういった形式で交換するかを定めているのがルーティングプロトコル

です。

　ルーティングプロトコルは、大きく分けて 2 つに分類することができます。**EGP**（Exterior Gateway Protocol）と **IGP**（Interior Gateway Protocol）です。

　ネットワークは様々な組織が管理する小中規模のネットワークの集合体です。それぞれの組織が管理運用するネットワークを **AS**（Autonomous System）といいます。AS 間での経路情報の交換を行うためのプロトコルの分類を EGP といいます。元々は、EGP という同じ名前のルーティングプロトコルが AS 間で用いられていましたが、現在では **BGP** というプロトコルに置き換わっています。

　IGP は各組織が管理する AS 内での経路情報の交換を行うためのプロトコルです。IGP には様々なプロトコルが含まれており、**OSPF** や **IS–IS** といったリンクステート型のプロトコル、**RIP** や **EIGRP** といったディスタンスベクタ型のプロトコルなどが存在します。

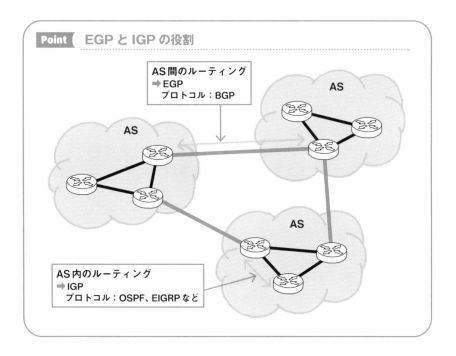

Point　EGP と IGP の役割

AS間のルーティング
➡ EGP
　プロトコル：BGP

AS

AS

AS

AS内のルーティング
➡ IGP
　プロトコル：OSPF、EIGRP など

30-6 BGP は AS 間の経路情報を交換するプロトコル

　ここでは、ルーティングプロトコルの中でも比較的よく用いられている BGP と OSPF について簡単に紹介します。まずは EGP に分類される、BGP を見ていきましょう。

　BGP（Border Gateway Protocol）は AS 間の経路情報を交換するために用いられるルーティングプロトコルです。複数の AS をまたぐルーティングでどの AS を経由するのが最短の経路かを調べるため、隣接した AS の機器間で情報交換を行います。

　BGP で扱う AS の情報は、**AS 番号**という重複のない番号で管理されています。AS 番号は **IANA（ICANN）** という組織によって管理されており、IANA から各地域の管理組織である RIR（Regional Internet Registry：地域インターネットレジストリ）に分配され、そこからさらに NIR（National Internet Registry：国別インターネットレジストリ）へ分配されます。日本の場合は NIR である JPNIC（一般社団法人日本ネットワークインフォメーションセンター）が管理を行っています。

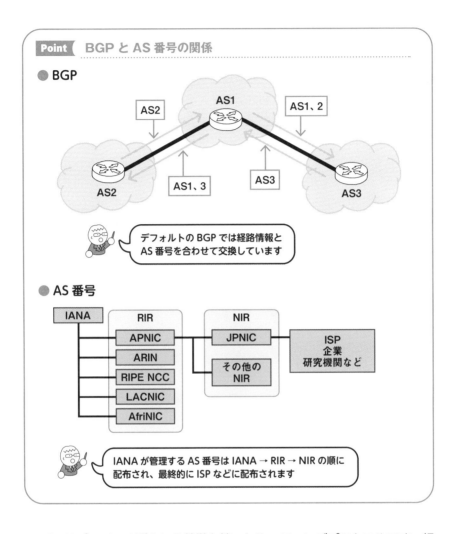

Point BGP と AS 番号の関係

● BGP

AS2 → AS1

AS1、2

AS1、3 → AS3

AS2

AS3

デフォルトの BGP では経路情報と AS 番号を合わせて交換しています

● AS 番号

IANA	RIR	NIR	
	APNIC	JPNIC	ISP 企業 研究機関など
	ARIN	その他の NIR	
	RIPE NCC		
	LACNIC		
	AfriNIC		

IANA が管理する AS 番号は IANA → RIR → NIR の順に配布され、最終的に ISP などに配布されます

BGP は**パスベクタ型**という特徴を持ったルーティングプロトコルです。経路情報を送信する際に、様々な属性を付与したうえで隣接した AS の機器に送信しています。

付与する属性のことを**パス属性（パスアトリビュート）**といいます。様々なパス属性を用いて、経路情報に優先度などを持たせることができます。デフォルトでは AS_PATH という属性を使っており、宛先までに経由する AS の数が最も少ない経路を最良の経路として選択するようになっています。

- EGP に分類されるルーティングプロトコルである
- パス属性を利用して経路を制御できる（パスベクタ型）
- TCP を使用して情報交換を行う
- ネットワークに変更が起こると差分アップデートを行う

 BGP はインターネットのような大規模な
ネットワークの運用で使われています

それ以外でも使われることはあるんですか？

 現在は AS 間の接続だけでなく、データセンターの
サーバ間通信のルーティングなどでも使われています

 BGP は様々な機能を持っているため、
いろいろな場面で活用されています

AS 間のネットワークなどに関わらない人でも、
BGP に触れる機会はありそうですね！

30-7 OSPF は AS 内の経路情報を交換するプロトコル

　続いて、IGP で用いられているルーティングプロトコルの OSPF を見てい
きましょう。

　OSPF（Open Shortest Path First）は AS 内での経路情報の交換に用い
られているルーティングプロトコルであり、リンクステート型に分類される
プロトコルです。同じリンクステート型のプロトコルには、**IS–IS**
（Intermediate System to Intermediate System）などがあります。

　リンクステート型のプロトコルでは、経路情報そのものを直接交換するの

ではなく、それぞれの機器が自身に接続されているネットワーク、およびその状態を交換します。集めた情報は機器全体で共有され、そこから各機器で宛先への最適な経路が作成されます。

　ネットワーク全体の情報を全ての機器で共有するという点から、初めの情報共有に時間がかかるというデメリットはありますが、ルーティングループの発生が少ない、障害が起きた際の経路の再構築にかかる時間が少ないといったメリットがあります。

　上記の特徴に加えて、OSPF ではネットワークを複数のエリアに分割し、エリア内に限って詳細な経路情報を取得することで不要なプロトコルのやり取りを減らすことができたり、各リンクの帯域幅を基にしたコストと呼ばれる重みづけを行うことができたりします。

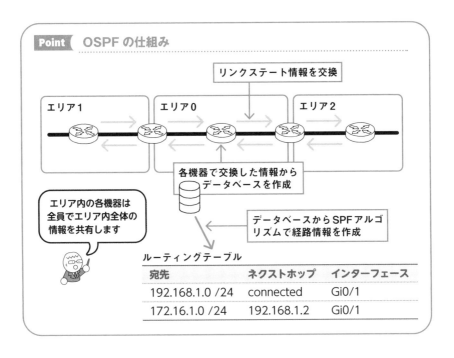

Point OSPF の特徴

- IGP に分類されるルーティングプロトコルである
- 機器が接続しているリンクの状態を交換する（リンクステート型）
- ルーティングループの発生が少ない
- 障害の発生時などの経路の再構築にかかる時間が少ない
- ネットワークをエリアに分割することができ、不要なやり取りを削減できる

ルーティングプロトコルはネットワークを扱ううえでとても重要なプロトコルなんですね

ルーティングプロトコルなしに、現在のインターネットは成り立ちません

ネットワークの業務にあたるなら、欠かすことのできないものです。しっかり概要を押さえておきましょう

31 TELNET、SSHのきほん

物理的に離れたネットワーク機器を操作する場合、毎回その機器の目の前まで行くのは手間がかかります。離れた機器に遠隔でログインし、操作するためのプロトコルを見ていきましょう。

31-1 リモートログインを実現するプロトコル

　企業などで使われるネットワーク機器やサーバは、サーバ室やデータセンターに置かれ、鍵のかかるラックに格納されているのが一般的です。誰でも簡単に触れられる場所に置いてあると、悪意を持った誰かに不正に操作されてしまうかもしれません。

　しかし、機器が離れたところに置いてある場合、機器を操作するために毎回ラックを開け、コンソールにアクセスするのは非常に手間がかかります。そこで、ネットワーク越しに機器の CLI に遠隔（リモート）でログインするためのプロトコルが用意されています。それが **TELNET** と **SSH** です。

　TELNET と SSH はどちらもアプリケーション層のプロトコルで、トランスポート層では TCP を使用しています。TELNET や SSH を用いることで、現在操作している PC からネットワークを通じてネットワーク機器やサーバなどにログインし、操作することができます。

　どちらも同じ用途で用いられるプロトコルではありますが、明確な違いがあります。それぞれの特徴を確認してみましょう。

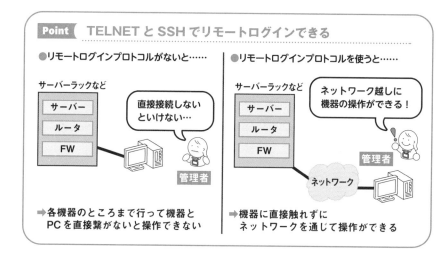

31-2 TELNET は通信を暗号化しない

　TELNET はリモートログインプロトコルの 1 つです。非常にシンプルなプロトコルで、TCP のポート番号 23 番を使い、離れた機器にネットワークを通じてアクセスし、機器の CLI にログインします。ログイン後の通信は全て平文のまま、機器と TELNET クライアントの間でやり取りが行われます。

　TELNET による通信は暗号化されないため、ユーザー名やパスワード、操作の内容などが全てそのままの状態でネットワーク上を流れることになります。そのため通信を盗聴されると、パスワードや操作内容が全て盗み見られてしまう危険性があります。そのため、インターネット上などで TELNET を使ってリモートアクセスを行うことは推奨されていません。

　また、リモートログイン以外の用途として、ポート番号を変更しての利用が挙げられます。TELNET のポート番号を他のプロトコルで用いているポート番号に変更したうえで TELNET でのアクセスを実施することで、対象サーバの該当のポートがアクセスできる状態になっているか、調べることができます。例えば、Web サーバなら 80 番、POP3 なら 110 番などに TELNET のポート番号を変更したうえでアクセスすることで、サーバの該当ポート番号が利用可能な状態かどうかを判断できます。

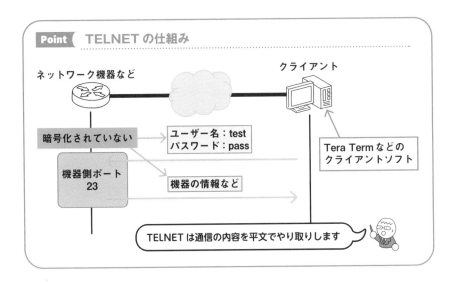

Point TELNET の仕組み

ネットワーク機器など

クライアント

暗号化されていない

ユーザー名：test
パスワード：pass

Tera Term などの
クライアントソフト

機器側ポート
23

機器の情報など

TELNET は通信の内容を平文でやり取りします

Point TELNET の特徴

● リモートログインに用いられるプロトコルである
● TCP のポート番号 23 番を使用している
● 通信を暗号化しないため盗聴の危険性がある
● ポート番号を変更することでサーバの開いているポートを確認する
　こともできる

31-3 SSHは安全にリモートログインできる

　SSH（Secure Shell）はリモートログインプロトコルの１つです。通信の
暗号化や認証といった機能を持ち、離れたネットワーク上の機器を安全に操
作することができます。SSH は TCP のポート番号 22 番を使用しています。
　先ほど解説したように、同じくリモートログインに用いられる TELNET で
はログイン時のパスワードなども含めた全ての通信を暗号化せずに送信して
しまうため、インターネット上などでは盗聴の危険性があります。そこで、

認証部分も含め**通信全体が暗号化される** SSH が使われるようになりました。

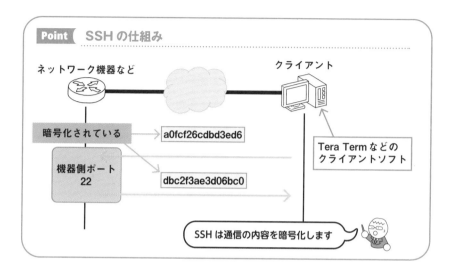

Point **SSH の仕組み**

ネットワーク機器など

クライアント

暗号化されている → a0fcf26cdbd3ed6

機器側ポート
22 → dbc2f3ae3d06bc0

Tera Term などの
クライアントソフト

SSH は通信の内容を暗号化します

SSH の認証方式

　SSH では、基本的にアクセス時にユーザーの認証が行われます。認証の代表的な方式として**パスワード認証方式**と**公開鍵認証方式**の 2 つが用意されています。パスワード認証方式では、機器にリモートログインするユーザーをユーザー名とパスワードで認証します。SSH のクライアントから送信されるどちらの情報も暗号化されるため、盗聴によりログイン情報を第三者に知られてしまう危険性は少なくなっています。

　公開鍵認証方式では、クライアントの公開鍵と秘密鍵のペアを使って認証を行います。仕組みが複雑なため、詳細な説明は本書では割愛しますが、簡単に説明しておきましょう。

　あらかじめクライアント側で用意した公開鍵と秘密鍵のうち、公開鍵をSSH でアクセスするサーバ側に登録しておきます。クライアントは公開鍵と秘密鍵で電子署名を作成し、それをサーバ側に送ります。サーバ側では、受け取った電子署名をあらかじめ登録されているクライアントの公開鍵で検証します。検証に成功すれば、クライアントが正当なユーザーであると判断します。

さらに、SSH では安全なリモートログインだけでなく、その仕組みを利用したファイル転送やポートフォワーディングなどといった機能も備えています。

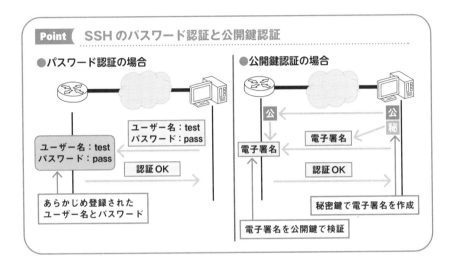

Point　SSH のパスワード認証と公開鍵認証

●パスワード認証の場合

ユーザー名：test
パスワード：pass

ユーザー名：test
パスワード：pass

認証 OK

あらかじめ登録された
ユーザー名とパスワード

●公開鍵認証の場合

電子署名

電子署名

認証 OK

秘密鍵で電子署名を作成

電子署名を公開鍵で検証

Point　SSH の特徴

- リモートログインに用いられるプロトコルである
- TCP のポート番号 22 番を使用している
- 認証も含めた通信全体を暗号化するため、盗聴の危険性が少ない
- ファイル転送など SSH の仕組みを利用した機能が用意されている

31-4　TELNET と SSH をパケットキャプチャしてみよう

　それでは、TELNET と SSH のパケットを見てみましょう。皆さんの手元で環境が用意できるようでしたら、実際にキャプチャしてみてください。
　ここでは Windows にインストールした Tera Term から、Linux サーバに

TELNET、SSH でログインする様子をキャプチャしています。

TELNET のパケット

　まずは TELNET のパケットを見てみましょう。TELNET では通信内容が暗
号化されないため、TELNET サーバの CLI で表示される内容やクライアント
から送信しているパスワードなどが、全て平文のまま送信されます。

● **TELNET のパケットキャプチャ**

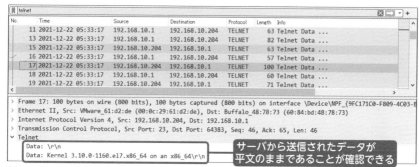

【Download】31-05_telnet_capture.pcapng

　本書の付属データに同梱したキャプチャファイルを見ると、実際に送受信
している内容がそのままパケットに収められているのが確認できると思いま
す。クライアントからのデータは細切れになっているためわかりづらいです
が、サーバからのデータはひとまとまりになって送信されているため、わか
りやすいかと思います。

　このように、TELNET を用いたリモートログインでは通信の中身を盗聴さ
れてしまう危険性がつきまとうわけです。そのため、現在ではインターネッ

トを介したリモートログインなどではあまり使いません。

SSH のパケット

　続いて、SSH のパケットを見てみましょう。こちらは残念ながら暗号化されてしまうため、詳しい内容を知ることはできません。

● **SSH のパケットキャプチャ**

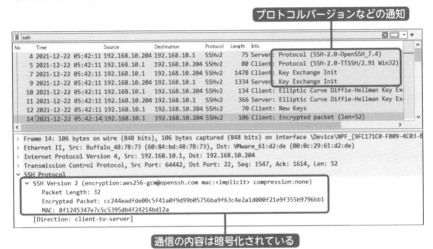

【Download】31-06_ssh_capture.pcapng

　通信全体の最初のほうで Protocol と Key のやり取りが行われていることが確認できます。SSH では、通信を始める際にお互いの SSH のバージョンや暗号化のアルゴリズムなど、必要な情報の交換を行っています。

　このように、SSH でのリモートログインでは、通信を暗号化して送受信を行うため、盗聴の危険性が少なくなっているのです。

SSH は業務でもよく使いますね

ネットワーク機器やサーバへの接続は、
SSH で行うことが非常に多いです

ネットワーク関係の作業をするには必須の
プロトコルなので、Tera Term などを使った
SSH でのアクセス方法に慣れておきましょう

使い方を確認しておきます！

5

ネットワークを支える技術のきほん

32 SNMPのきほん

ネットワーク機器は長期間動作し続けるため、その状態を常に把握しておく必要があります。機器の状態を監視するためのプロトコルを見ていきましょう。

32-1 SNMPはネットワーク機器やサーバを見守るプロトコル

　ネットワーク機器やサーバはインフラと呼ばれる通り、24 時間 365 日動き続けるものも少なくありません。当然、機器に故障などが発生すればサービスの維持に影響が及びます。そこで、機器の状態を監視し、異常があればアラートを上げるような仕組みが必要になります。その中で使われているプロトコルの 1 つが **SNMP** (Simple Network Management Protocol) です。

　SNMP はアプリケーション層のプロトコルであり、ルータやスイッチといったネットワーク機器からサーバまで、様々な機器をネットワーク越しに監視することができます。SNMP で常に監視を行うことで、障害の発生を迅速に検知したり、今後障害になりうる事象をキャッチして対応することができるようになります。

　SNMP で収集できる情報は様々で、CPU やメモリの使用率、インターフェースの状態、トラフィック量、さらには機器の温度などまで収集できます。

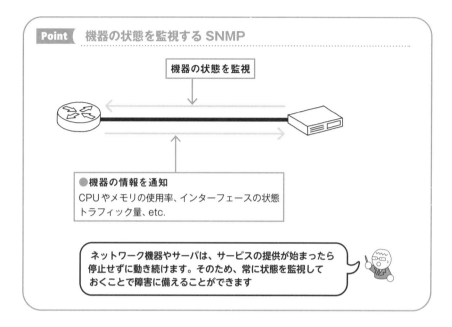

Point 機器の状態を監視する SNMP

機器の状態を監視

●機器の情報を通知
CPUやメモリの使用率、インターフェースの状態
トラフィック量、etc.

ネットワーク機器やサーバは、サービスの提供が始まったら
停止せずに動き続けます。そのため、常に状態を監視して
おくことで障害に備えることができます

32-2 SNMP マネージャーと SNMP エージェントについて学ぼう

　SNMP では、管理を行う側の機器やソフトウェアを **SNMP マネージャー**、管理される側の機器を **SNMP エージェント**といいます。SNMP マネージャーでは UDP の 162 番が、SNMP エージェントでは UDP の 161 番が通信を受け付けるポートとして用いられています。

　マネージャーは各種サーバや PC が該当し、商用のソフトウェアからオープンソースのソフトウェアまで幅広く存在しています。有名なものだと、Zabbix や Nagios などが挙げられます。SNMP エージェントはネットワーク機器やサーバなどが該当します。エージェント側はネットワーク機器などにあらかじめ実装されていることが多くなっています。

　SNMP では、マネージャーとエージェント間で機器の情報をやり取りし、マネージャーが収集した情報を私たち管理者が確認します。マネージャーは管理者に対し、収集した情報を GUI に表示する機能を備えていることが多く、ネットワーク上に存在する機器全体を統合して管理することができます。

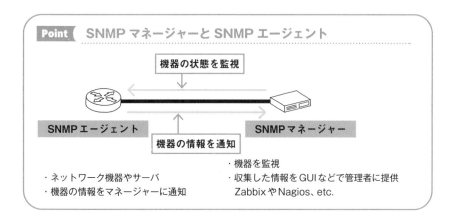

Point SNMP マネージャーと SNMP エージェント

機器の状態を監視

SNMP エージェント

SNMP マネージャー

機器の情報を通知

・ネットワーク機器やサーバ
・機器の情報をマネージャーに通知

・機器を監視
・収集した情報を GUI などで管理者に提供
　Zabbix や Nagios、etc.

32-3 SNMP で発生する通信は大きく2つ

　SNMP では、マネージャーとエージェント間で大きく分けて 2 種類の通信が発生しています。マネージャーからエージェントに向けてリクエストを送信し情報を収集する**ポーリング**と、エージェントからマネージャーに向けて情報を通知する**トラップ**です。

ポーリング

　マネージャーは、機器の状態を調べるためにエージェントに対して定期的にリクエストを送信します。それに対し、エージェントは自身の持っている情報をマネージャーに返します。このやり取りが**ポーリング**です。

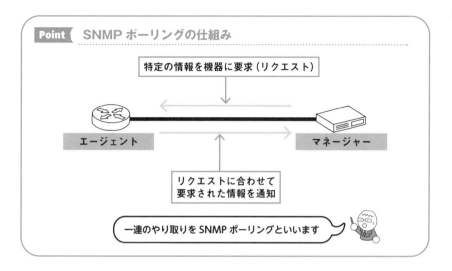

特定の情報を機器に要求（リクエスト）

エージェント　　　　　　　　　　　　　　マネージャー

リクエストに合わせて
要求された情報を通知

一連のやり取りを SNMP ポーリングといいます

トラップ

　ポーリングはマネージャー側からのやり取りだったのに対し、エージェント側から自発的に情報を送信するのが**トラップ**です。エージェントの機器であらかじめ決めてある事象が発生した際、マネージャーに対して事象が発生したことを通知します。この事象は、例えば機器のインターフェースの予期せぬダウン状態への移行など、エラーに類するものが多くなっています。

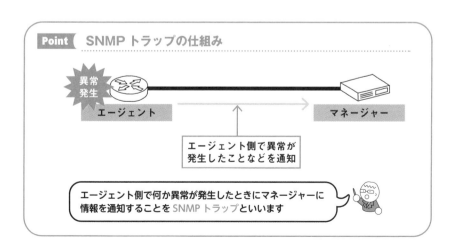

Point SNMP トラップの仕組み

異常
発生

エージェント　　　　　　　　　　　　　　マネージャー

エージェント側で異常が
発生したことなどを通知

エージェント側で何か異常が発生したときにマネージャーに
情報を通知することを SNMP トラップといいます

253

ポーリングとトラップでやり取りされるメッセージ

　ポーリングとトラップでは、次のメッセージがやり取りされています。

SNMP でやり取りされるメッセージ

メッセージ	送信側	説明
GetRequest	マネージャー	エージェントに対して OID を指定して情報を要求
GetNextRequest	マネージャー	エージェントに対して指定した OID の次の情報を要求
GetBulkRequest	マネージャー	エージェントに対して複数の OID の情報を要求
SetRequest	マネージャー	エージェントに対して OID の情報変更を要求
GetResponse	エージェント	マネージャーから要求された OID の情報を返信
Trap	エージェント	エージェントに特定の状態変化が起こった際に自発的にマネージャーへ情報を通知
InformRequest	エージェント	Trap と同様にエージェントから自発的にマネージャーに情報を通知 Trap と異なり、マネージャーに対して応答要求をする

エージェントの情報を収めた MIB

　ポーリングやトラップで扱われるエージェントの情報は、各機器のツリー構造のデータベースに収められています。これを **MIB**（Management Information Base）といいます。また、MIB に収められている情報をオブジェクトといい、ツリー構造を上からなぞっていく形で各オブジェクトを示す **OID（オブジェクト ID）** が定義されています。マネージャーはポーリングの際、エージェントに対して MIB 内の OID を指定することで、必要な情報を収集しています。

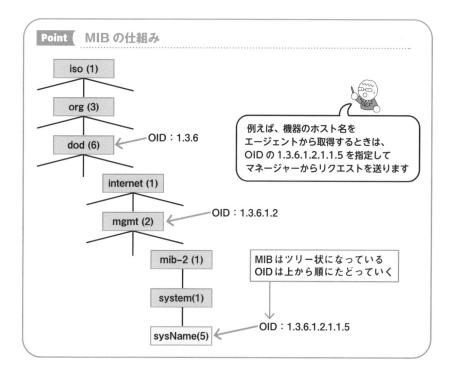

Point MIB の仕組み

iso (1)

org (3)

dod (6) ← OID：1.3.6

例えば、機器のホスト名を
エージェントから取得するときは、
OID の 1.3.6.1.2.1.1.5 を指定して
マネージャーからリクエストを送ります

internet (1)

mgmt (2) ← OID：1.3.6.1.2

mib-2 (1)

MIB はツリー状になっている
OID は上から順にたどっていく

system(1)

OID：1.3.6.1.2.1.1.5
sysName(5) ←

32-4 SNMP をパケットキャプチャしてみよう

それでは、SNMP のパケットを見てみましょう。付属のパケットキャプチャ
は、フリーの監視ソフトである Zabbix を SNMP マネージャーとして、
Cisco のスイッチを SNMP エージェントとして監視した際のパケットになり
ます。

● SNMP のパケットキャプチャ

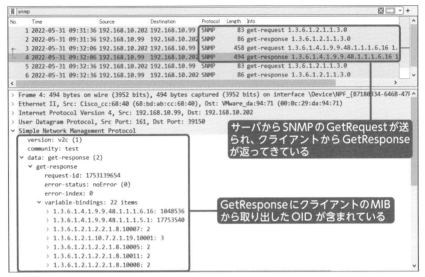

【Download】 32-07_snmp_capture.pcapng

　192.168.10.202 がマネージャーの IP アドレス、192.168.10.99 がエージェントの IP アドレスです。キャプチャを見ると、マネージャーから GetRequest が送られ、エージェントに対して情報を要求しているのがわかります。また、それに対してエージェントからは GetResponse が送信され、要求された情報を返しているのがわかります。

　このように、マネージャーはエージェントに対して **32-3** で説明したパケットを使って情報を要求します。エージェントは、自身の MIB にある情報をマネージャーに返しているのです。マネージャーはエージェントから送られた情報を収集することで、エージェントの状態を監視しています。

Webページの公開など、サーバにファイルをアップロードしたりサーバからファイルをダウンロードしたりする機会はよくあります。ファイル転送に用いられるプロトコルを見ていきましょう。

33-1　FTPはファイル転送のプロトコル

　普段、個人間で何らかのファイルをやり取りする際、私たちはメールに添付して送信したり、ファイル転送サービスを使ったり、オンラインストレージを共有してファイルをアップロード・ダウンロードしています。

　個人から個人へのやり取りであればそういった手段が取れますが、PCのローカルにあるデータを何らかのサーバの特定の場所にアップロードしなければならない、といった場合はどうすればよいでしょうか。

　例えば、Webページを作成する際は、必要なHTMLファイルや画像ファイルのデータをWebサーバにアップロードする必要があります。大量のデータを処理するサーバでは、CSVなどで作ったデータをサーバにアップロードする必要があるかもしれません。そういった際に私たちクライアントのPCから、サーバに向けてファイルをアップロードする、もしくはサーバからファイルをダウンロードする場合に使われるのが **FTP**（File Transfer Protocol）です。

　FTPでは、TCPのポート番号20番と21番を使用して通信の制御およびデータ転送を行っています。

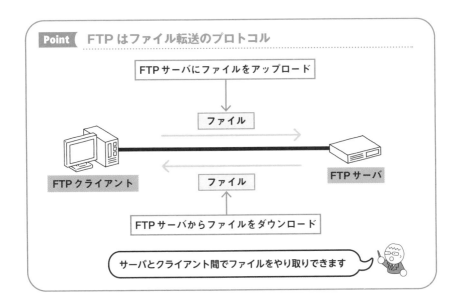

Point | FTP はファイル転送のプロトコル

FTP サーバにファイルをアップロード

ファイル

FTP クライアント

ファイル

FTP サーバ

FTP サーバからファイルをダウンロード

サーバとクライアント間でファイルをやり取りできます

33-2 FTP の仕組みを学ぼう

では、FTP の仕組みについて詳しく見ていきましょう。

2 つの TCP コネクション

FTP では、**制御用コネクション**と**データ用コネクション**の 2 つの TCP コネクションを使って通信を行っています。

制御用コネクションでは、TCP のポート番号 21 番を使用してログインのための通信や、ログイン後に行うファイルのアップロードやダウンロードの指示、それぞれの方法などを伝達する FTP コマンドをやり取りするために使われています。

データ用コネクションでは、制御用コネクションで伝達された内容に従ってデータが送受信されます。データ用コネクションのポート番号は、TCP クライアントから接続した場合は 20 番が使われることが多いですが、異なる番号が用いられることもあります。これは FTP のモードによって変化します。

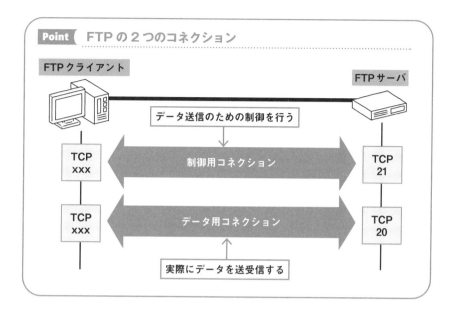

Point　FTP の 2 つのコネクション

FTP クライアント

FTP サーバ

データ送信のための制御を行う

TCP
xxx

制御用コネクション

TCP
21

TCP
xxx

データ用コネクション

TCP
20

実際にデータを送受信する

FTP の 2 つの転送モード

　FTP には、**アクティブモード**と**パッシブモード**という転送モードが存在します。アクティブモードでは、クライアントが制御用コネクションの接続要求を行い、それに対して FTP サーバ側からデータ用コネクションの接続を行います。データ用コネクションにおいて、サーバが接続しに行くクライアントのポート番号は、制御用コネクションでクライアントが通知したものを用います。サーバの送信元ポート番号は FTP の 20 番になります。

　パッシブモードでは、クライアントが制御用コネクションの接続要求を行います。そして制御用コネクションの中でサーバから通知されたサーバ側のポート番号に向けて、クライアントからデータ用コネクションの接続を行います。

　アクティブモードとパッシブモードでは、データ用コネクションの接続をどちらから行うかが異なります。アクティブモードでは FTP サーバ側から TCP のコネクションを成立させることになるため、外部からの接続をファイアウォールなどで拒否している場合はデータ用コネクションを確立できません。そこで、パッシブモードを使用してクライアントからサーバに向けてコ

ネクションを確立させます。

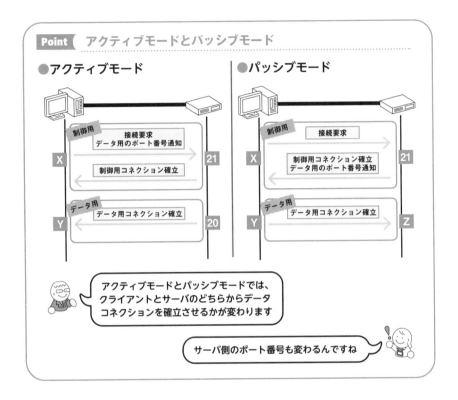

FTP と SFTP

　FTP は、認証機能は持っていますが、通信の暗号化機能は持っていません。そのため、より安全に暗号化してファイル転送を行う場合は、SFTP（SSH File Transfer Protocol）という、SSH の仕組みを使用したファイル転送のプロトコルを使用します（名前が FTP とほぼ同じですが、厳密には FTP ではありません）。

Point FTP の特徴

- **TCP の 20 番、21 番を使用したファイル転送プロトコルである**
- **制御用コネクションとデータ用コネクションの 2 つを用いている**
- **アクティブモードとパッシブモードという 2 つの転送モードを持つ**
- **通信の暗号化機能を持たない**

33-3 FTP をパケットキャプチャしてみよう

　それでは、FTP のパケットを見てみましょう。今回のキャプチャは、筆者のローカル環境に構築した FTP サーバと、フリーの FTP クライアントである WinSCP 間でファイル転送を行った際の様子です。

● FTP のパケットキャプチャ

【Download】33-04_ftp_capture.pcapng

　この図は、パッシブモードで動作している FTP のキャプチャです。今回はログインを行い、その後サーバ上の test.txt というファイルをクライアント

側でダウンロードしています。

　キャプチャ内の上部で FTP のユーザー認証が行われていることがわかります。ログインに使用したユーザー名とパスワードが平文のままになっており、キャプチャしたパケット内でそのまま確認できます。

　FTP では、クライアント側からサーバ側に様々な要求をするための手段として FTP コマンドを定義しています。例えば今回のキャプチャ内に登場したものだと、ログインの際にユーザー名を送信する USER コマンド、パッシブモードへ移行する PASV コマンド、ファイルをサーバからダウンロードする RETR コマンドなどが挙げられます。

普段の生活の中で FTP はあまり見かけませんが、ネットワークやサーバを使った業務の中では頻繁に使われています

集計用のデータをサーバに集めたりするために使ったことがあります！

日常的に行われるファイルのやり取りとは少し違うんですね

クライアント同士のやり取りではなく、クライアントとサーバの間でファイルをやり取りするのが FTP の役割です

ICMPのきほん

離れた端末まで通信が届くかどうか調べる機会はよくあります。届く
かどうかを確かめたり、届かなかったときに理由を通知してくれたり
するプロトコルを見ていきましょう。

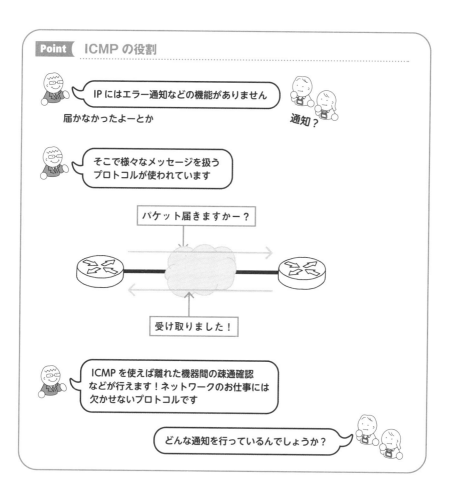

Point ICMP の役割

IP にはエラー通知などの機能がありません

届かなかったよーとか

通知？

そこで様々なメッセージを扱う
プロトコルが使われています

パケット届きますかー？

受け取りました！

ICMP を使えば離れた機器間の疎通確認
などが行えます！ネットワークのお仕事には
欠かせないプロトコルです

どんな通知を行っているんでしょうか？

34-1 ICMPはメッセージの通知を行うプロトコル

　ネットワークの業務の中では、特定の宛先に対して通信が届くかどうかを確認する機会がよくあります。こういった確認を疎通確認といったりしますが、これを実現するためのプログラムで使われているプロトコルがあります。それが **ICMP**（Internet Control Message Protocol）です。

　ネットワーク層のプロトコルとして離れたネットワーク間の通信について規定している **IP** には、宛先まで通信ができなかったときに送信元に何か情報を送る機能はありません。IP はあくまで宛先に向けて通信を送るだけで、通信が届いたか届かなかったかなどの通知を送信元に行うことはしません。実際のアプリケーションや上位層のプロトコルでは、TCP の再送制御などの機能を使ってその部分をカバーしています。

　ICMP を用いることで、トランスポート層以上のプロトコルを用いずに宛先までの疎通確認を行ったり、到達できなかったときにその原因やどこまで届いたかなどを ICMP メッセージとして取得したりすることができます。そのため、ICMP は疎通確認のテストやトラブルシューティングの際によく用いられています。

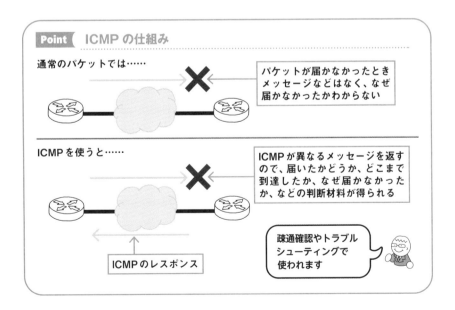

Point　ICMP の仕組み

通常のパケットでは……

パケットが届かなかったときメッセージなどはなく、なぜ届かなかったかわからない

ICMP を使うと……

ICMP が異なるメッセージを返すので、届いたかどうか、どこまで到達したか、なぜ届かなかったか、などの判断材料が得られる

ICMP のレスポンス

疎通確認やトラブルシューティングで使われます

34-2 TypeとCodeについて学ぼう

ICMP で送信されるメッセージは、大きく分けると **Query** と **Error** の 2 つです。

Query は、特定の対象に対して疎通状態などを確認する、問い合わせのためのメッセージです。後述する Echo Request や Echo Reply などが該当します。

Error は、IP 通信で何か障害があった際にそれを通知するためのエラーメッセージです。後述する Destination Unreachable などが該当します。

ICMP のメッセージは **Type** という番号で細かく分類されており、それらを大きく 2 つに分けたものが上記の Query と Error です。Type の分類は次のようになっています。ここでは、一般的によく見かけるもののみ取り上げています。

<table>
<thead>
<tr><th colspan="4">Point　ICMP メッセージ：Type による分類</th></tr>
<tr><th>種類</th><th>Type</th><th>内容</th><th>説明</th></tr>
</thead>
<tbody>
<tr><td>Query</td><td>0</td><td>Echo Reply</td><td>ping などによるエコー応答（レスポンス）</td></tr>
<tr><td>Error</td><td>3</td><td>Destination Unreachable</td><td>指定された宛先に到達できなかったことを示す</td></tr>
<tr><td>Error</td><td>5</td><td>Redirect</td><td>他に最適経路がある場合そちらへの変更指示を示す</td></tr>
<tr><td>Query</td><td>8</td><td>Echo Request</td><td>ping などによるエコー要求（リクエスト）</td></tr>
<tr><td>Error</td><td>11</td><td>Time Exceeded</td><td>TTL が途中で 0 になりパケットが破棄されたことを示す</td></tr>
</tbody>
</table>

Type の中でも、一部のメッセージは **Code** というさらに詳細な分類がなされています。例えば、宛先まで届かなかったことを通知する Destination Unreachable は次のような Code に分けられています。

ICMP メッセージ：Destination Unreachable-Code による詳細な分類

Code	内容	説明
0	net unreachable	ネクストホップがダウンして arp による解決ができないなど
1	host unreachable	ホストがダウンして arp による解決ができないなど
3	port unreachable	宛先端末までは到達するが、宛先の TCP/UDP ポートが開放されていないなど
4	fragmentation needed and DF set	フラグメントが必要だが IP ヘッダの DF ビットが有効である
6	destination network unknown	宛先ネットワークの経路情報が存在しない
13	communication administratively prohibited by filtering	宛先ネットワークへの通信が ACL などで遮断されている

このように、ICMP では様々なメッセージが定義されており、ネットワークの状況に合わせて上記の Type や Code に則ったメッセージを送信元に通知することで、疎通確認やエラーの確認を行うことができるようになっています。

34-3 ping と traceroute は ICMP を使ったプログラム

ICMP を使ったプログラムとしてよく使う身近なものに、**ping** と **traceroute（tracert）** があります。

ping

ping は、指定した IP アドレスまで到達できるかどうかを ICMP で確認することができるプログラムです。ping では主に Type8 の Echo Request と Type0 の Echo Reply を使用して、疎通確認を行っています。

送信側で ping コマンドを実行すると、指定した宛先に向けて Echo

Request を送信します。宛先では、届いた Echo Request に対して Echo Reply を返します。何らかの理由から経路の途中で宛先に届かなくなった場合は、その理由がエラーメッセージとして送信側に返されます。

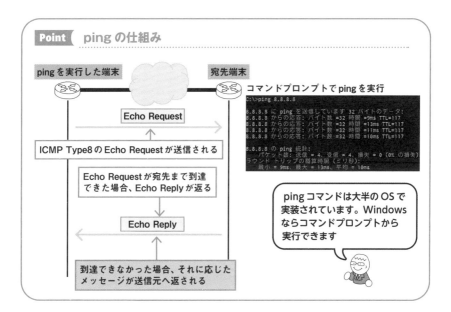

Point　ping の仕組み

ping を実行した端末　　　　　　宛先端末

コマンドプロンプトで ping を実行

```
C:\>ping 8.8.8.8

8.8.8.8 に ping を送信しています 32 バイトのデータ:
8.8.8.8 からの応答: バイト数 =32 時間 =9ms TTL=117
8.8.8.8 からの応答: バイト数 =32 時間 =13ms TTL=117
8.8.8.8 からの応答: バイト数 =32 時間 =11ms TTL=117
8.8.8.8 からの応答: バイト数 =32 時間 =10ms TTL=117

8.8.8.8 の ping 統計:
　パケット数: 送信 = 4, 受信 = 4, 損失 = 0 (0% の損失)
ラウンド トリップの概算時間 (ミリ秒):
　　最小 = 9ms, 最大 = 13ms, 平均 = 10ms
```

Echo Request

ICMP Type8 の Echo Request が送信される

Echo Request が宛先まで到達できた場合、Echo Reply が返る

Echo Reply

到達できなかった場合、それに応じたメッセージが送信元へ返される

ping コマンドは大半の OS で実装されています。Windows ならコマンドプロンプトから実行できます

traceroute

traceroute は、指定した宛先までにどんな経路を経由して到達しているかを通知するプログラムです。まず指定した宛先に向けて、TTL を 1 としたパケットを送信します。すると最初に到達するルータで TTL が 0 となり、ICMP の Time exceeded が返ってきます。Time exceeded の送信元を確認することで、最初に到達したルータの IP アドレスを調べることができます。そこから TTL を 2, 3, 4 と 1 つずつ増やしてパケットを送信することで、宛先までの経路でどんな機器を経由しているかを調べているわけです。

ただし、traceroute は実装によって用いているプロトコルが異なります。Windows に実装されている tracert コマンドでは ICMP を使用しています。Linux や Cisco 製ルータなどの OS で実装されている traceroute コマンドでは、ICMP ではなく UDP を使用しています。動作そのものは大きく変わりま

せんが、使っているプロトコルが異なることは認識しておきましょう。

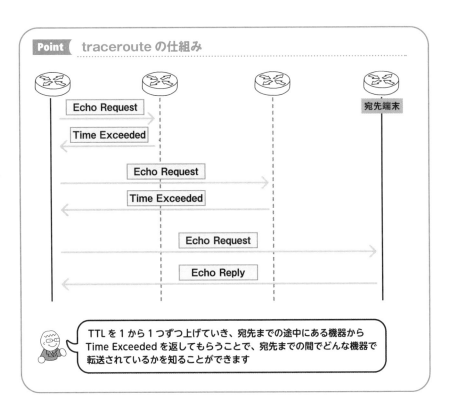

Point　traceroute の仕組み

宛先端末

Echo Request

Time Exceeded

Echo Request

Time Exceeded

Echo Request

Echo Reply

TTL を 1 から 1 つずつ上げていき、宛先までの途中にある機器から Time Exceeded を返してもらうことで、宛先までの間でどんな機器で転送されているかを知ることができます

34-4 ICMP をパケットキャプチャしてみよう

　それでは、ICMP のパケットキャプチャをしてみましょう。ここでは、ping を用いてインターネット上の IP アドレスに Echo Request を送信し、Echo Reply が返ってくる様子を確認します。

　インターネットにアクセスできる Windows PC でコマンドプロンプトを開き、ping コマンドを実行してみましょう。

●コマンドプロンプトで ping コマンドを実行

```
C:\>ping 8.8.8.8 ●──────── 宛先IPアドレスを指定

8.8.8.8 に ping を送信しています 32 バイトのデータ:
8.8.8.8 からの応答: バイト数 =32 時間 =10ms TTL=117
8.8.8.8 からの応答: バイト数 =32 時間 =7ms TTL=117
8.8.8.8 からの応答: バイト数 =32 時間 =12ms TTL=117
8.8.8.8 からの応答: バイト数 =32 時間 =7ms TTL=117

8.8.8.8 の ping 統計:
  パケット数: 送信 = 4、受信  宛先まで到達できていれば宛先IPアドレス
ラウンド トリップの概算時間 (  から Echo Reply が返ってくる
  最小 = 7ms、最大 = 12ms、平均 = 9ms
```

　上記の様子を Wireshark でパケットキャプチャしたものが次の図になります。

● ICMP のパケットキャプチャ

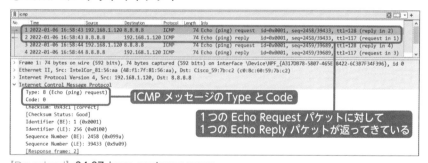

【Download】 34-07_icmp_capture.pcapng

　ping を実行している端末の IP アドレスを送信元とし、宛先に ping で指定した IP アドレスが設定された ICMP のパケットが送信されているのが確認できます。また、宛先に指定した IP アドレスから Echo Reply が返ってきています。このように、ping を使うことで指定した宛先 IP アドレスまで疎通していることを確認することができます。

pingは業務で使ったことがありますね！

 pingを使って疎通確認をしたり、pingを指定回数送信してパケットロスがないことを確認したり……ネットワークの現場ではとてもよく使うコマンドなので、使い方を覚えておきましょう

 ICMPのことはよく知りませんでした

 何気なく使っているプログラムの裏ではこういったプロトコルが活躍しているんですね！

 そうですね、通信を行っているプログラムは基本的に通信プロトコル、つまり決まりごとに則って動作しています

 決まりごとを理解することはとても重要なのです

練 習 問 題

問題 1

DHCP の役割として正しいものはどれですか？

① IP アドレスと MAC アドレスを紐づける。

② IP アドレスを変換する。

③ エラーメッセージを通知する。

④ 端末に動的に IP アドレスを割り当てる。

問題 2

スタティックルーティングとダイナミックルーティングについて正しいもの
はどれですか？

① スタティックルーティングを設定すると、障害が起きた際に自動で経路情
　報を更新することができる。

② ダイナミックルーティングの設定を行うことで、機器同士が情報を交換し、
　経路情報を作成する。

③ OSPF は AS 間での経路情報の交換に用いられるプロトコルである。

④ ダイナミックルーティングでは機器に負荷はほとんどかからない。

問題 3

TELNET と SSH について正しいものはどれですか？

① TCP のポート番号は TELNET が 22 番、SSH が 23 番を使用している。

② TELNET は通信内容を暗号化せず平文のまま送信する。

③ SSH は認証を行わないため、インターネット上で用いるには危険が伴う。

④ 公開鍵認証では、ユーザー名とパスワードをクライアントからサーバに送
　信して認証を行っている。

271

解 答

問題 1 解答

正解は、④の「端末に動的に IP アドレスを割り当てる。」

DHCP は IP アドレスの動的な割り当てを行うプロトコルです。PC などがネットワーク上で通信をするために必要な情報を DHCP サーバから配布、設定することができます。

問題 2 解答

正解は、②の「ダイナミックルーティングの設定を行うことで、機器同士が情報を交換し、経路情報を作成する。」

ダイナミックルーティングでは、ルーティングプロトコルを用いて機器同士が様々な情報を交換します。交換した情報から経路情報を作成し、ルーティングテーブルに記載します。

問題 3 解答

正解は、②の「TELNET は通信内容を暗号化せず平文のまま送信する。」

TELNET は通信内容を暗号化せず、平文のまま送信します。それに対して、SSH では通信を暗号化するため、盗聴されても通信内容が漏れてしまう危険が少なくなっています。

第6章 物理層に関係した技術のきほん

35

プロトコルと物理層の関係って?

第6章では、LANケーブルや光ファイバーケーブル、無線LANといった、物理層に近しい分野を取り上げます。

35-1 通信に関する仕事に物理層の知識が必要なワケ

　本書では第5章までに、通信に用いられている各種プロトコルについて解説してきました。通信の仕組みを把握し、どんな知識があれば通信を正常に行うことができ、トラブルシューティングなどが行えるようになるか、その入り口を案内してきました。

　しかし、通信の内容や仕組みを知っていても、ネットワーク関連の仕事に実際に従事するエンジニアの知識として足りない分野があります。それが**物理層**の分野、つまりケーブルや無線といった**通信媒体**の世界です。

　通信という目には見えないものを扱うといっても、それらは物理的なケーブルや、様々な電波などを使って送受信されています。ケーブルなどを使用する以上、それらについての知識を全く身につけないまま業務に取り組むわけにはいきません。

　そこで第6章では、Ethernetで用いられるLANケーブルや光ファイバーケーブル、無線LANなどの通信媒体の基本知識や規格などについて紹介していきます。

36

LANケーブルのきほん

LANケーブルは会社や家庭など、場所を問わず利用されています。どんな規格のケーブルがあり、どのように使われているのでしょうか。

ツイストペアケーブルとは？

　ネットワークに関わる仕事をしていなかったとしても、**LAN ケーブル**を見たことがある、扱ったことがあるという人はとても多いでしょう。LAN ケーブルとは、一般的には Ethernet で使用するケーブルのことを指します。企業や家庭など、小規模なネットワーク環境からデータセンターなどの大規模なネットワークまで、拠点内の配線に多く使われています。

　現在最も普及していると思われるケーブルは、**ツイストペアケーブル**と呼ばれるものです。ツイストペア、つまり複数の金属製の線をより合わせ、それを複数の束にしてゴムなどの被覆材で包んだケーブルを指します。

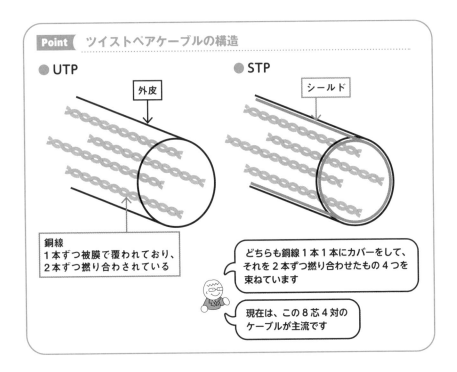

ツイストペアケーブルには **UTP** と **STP** の 2 種類があります。

　UTP（Unshielded Twist Pair）ケーブルは、一般的に LAN ケーブルと呼ばれるケーブルのことで、ツイストペアケーブルの特徴を備えたケーブルで

す。家電量販店などで販売されており、企業や家庭を問わず広く使われています。

STP（Shielded Twist Pair）ケーブルは、ツイストペアケーブルの銅線に対してさらにアルミ箔などで全体を覆い、ノイズの影響を抑えたケーブルです。工場やデータセンターなど、大きなノイズの発生する特殊な環境で用いられることがあります。

LAN ケーブルでは、ケーブルと機器の接続部であるコネクタには **RJ-45** という規格が用いられています。

36-2 LAN ケーブルの IEEE802.3 規格とは？

Ethernet における標準化された規格の 1 つとして、IEEE によって定められた IEEE802.3 があります。第 2 章でも説明した通り、IEEE802.3 が普及するよりも前に同じ Ethernet の規格である Ethernet II が定着してしまったため、現代で Ethernet といった場合は Ethernet II 規格に則ったものを指すことが多いです。

Ethernet で用いられるケーブルの物理的な規格としては、IEEE802.3 を基にしたものが使われています。これらには IEEE802.3u や IEEE802.3ab など、IEEE802.3 の後ろにアルファベットがつけられています。一般的には、それらの内容を示す別名で呼ばれることが多くなっています。例えば、1000 BASE-T は IEEE802.3ab のことを指し、100BASE-TX は IEEE802.3u のことを指します。

IEEE の規格と命名規則

現在よく使われている LAN ケーブルの IEEE の規格には、次の表のようなものがあります。LAN ケーブルの規格には、名前の付け方に規則があります。どんな規則で名前がつけられているかを覚えておくと、その規格、ケーブルがどんな特徴を持っているのかを名前から判断することができます。

命名規則として規格名に含まれているのが、伝送速度・伝送方式・ケーブルの種類と符号化方式、の 3 つです。

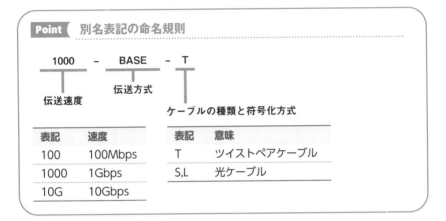

Point LANケーブルの規格

IEEE802.3 規格	別名	伝送速度
802.3i	10BASE-T	10Mbps
802.3u	100BASE-TX	100Mbps
802.3ab	1000BASE-T	1Gbps
802.3an	10GBASE-T	10Gbps

Point 別名表記の命名規則

```
1000   -   BASE   -   T
```

伝送速度　　　伝送方式　　　ケーブルの種類と符号化方式

表記	速度
100	100Mbps
1000	1Gbps
10G	10Gbps

表記	意味
T	ツイストペアケーブル
S,L	光ケーブル

Point IEEE802.3 規格

- Ethernet の規格
- IEEE802.3 ○○という細かいグループ分けと別名が存在する
- 1000BASE-T といった別名は規格で定められた内容を表している

36-3 LANケーブルのカテゴリーとは？

IEEE802.3 規格以外にも、LAN ケーブルの分類としてより一般に浸透したものがあります。それが**カテゴリー**です。

カテゴリーは、ケーブルやコネクタといったケーブルそのものの特性や使用用途などによって LAN ケーブルを分類したものです。TIA 規格、EIA 規格、ANSI 規格といった形でも表記されますが、これは TIA（米国通信工業会）と EIA（米国電子工業会）が策定し、ANSI（米国国家規格協会）が承認した規格であることを表しています。

カテゴリーの詳細

　カテゴリーはカテゴリー 1 から順に数字が振られており、数字が大きいほど伝送帯域が増え、伝送速度が上がります。ここでいう**伝送帯域**とは、データの伝送に用いる周波数の幅を表しています。単位としては Hz（ヘルツ）が用いられ、帯域幅といった呼び方をすることもあります。伝送帯域が大きければ大きいほど、一度に送ることができるデータ量が多くなります。

　伝送速度はデータを送信する速さを表しています。単位として **bps**（bits per second）を用いて表し、1 秒間に何 bit のデータを送れるかを表しています。

　伝送帯域と伝送速度を表すには、よく道路や水道管が用いられます。道路にたとえるなら、道路の太さや車線の多さが伝送帯域、走る車の速さが伝送速度にあたります。車線が多かったり、車の速さが上がったりすれば多くの車を走らせることができます。LAN ケーブル上を流れるデータも同様です。

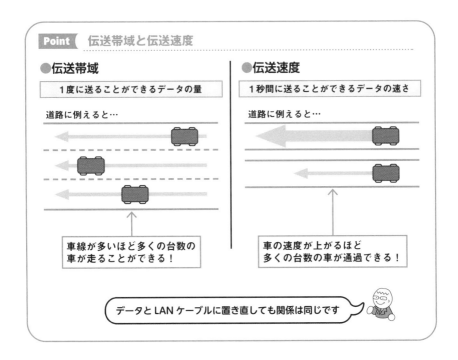

Point 伝送帯域と伝送速度

●伝送帯域

1度に送ることができるデータの量

道路に例えると…

車線が多いほど多くの台数の
車が走ることができる！

●伝送速度

1秒間に送ることができるデータの速さ

道路に例えると…

車の速度が上がるほど
多くの台数の車が通過できる！

データとLANケーブルに置き直しても関係は同じです

　カテゴリーは、過去に使われていた1～5や、現在も一般的に用いられる5e～6Aまで定義されています。それ以外にも、データセンターなどで使われるSTPケーブルが分類されるカテゴリー7も存在します。LANケーブルのカテゴリーを伝送帯域や伝送速度、ケーブルの種別や用途でまとめると、次の表のようになります。

Point LAN ケーブルのカテゴリー

カテゴリー	ケーブル	伝送速度	説明
カテゴリー 2	UTP/STP	4Mbps	ISDN などで使用されていた 4 芯ケーブル
カテゴリー 3	UTP/STP	16Mbps	4 芯だがイーサネットケーブルとして使用できる
カテゴリー 4	UTP/STP	20Mbps	トークンリングなどで使用されていた
カテゴリー 5	UTP/STP	100Mbps	100BASE-TX などで用いられる
カテゴリー 5e	UTP/STP	1G ～ 5Gbps	1000BASE-T などで用いられる。カテゴリ 5 とは伝送速度が異なる
カテゴリー 6	UTP/STP	1G ～ 10Gbps	ケーブル内にねじれなどを防止する十字介在が入っている
カテゴリー 6A	UTP/STP	10Gbps	カテゴリ 6 のケーブルに更にノイズ対策が施されている
カテゴリー 7	STP	10Gbps	ケーブルは STP のみ、RJ-45 に対応していない

6

物
理
層
に
関
係
し
た
技
術
の
き
ほ
ん

現在一般的に用いられているのは、カテゴリー 5e、6、6A です。カテゴリー以外にもケーブルの形状や材質などで分類されていることもありますが、これらは標準化された規格ではなく、それぞれのメーカーが独自規格として定義したものです。

必要な通信速度などによって、
使い分ける必要があるんですね！

そうです。一般的な家庭や社内などで使うものとしてはカテゴリー 5e や 6、6A を選んでおけば問題ありませんが、用途にあったものを選ぶ必要があります

ここで学んだもの以外にも多くの規格があるようですし、調べてみます！

37 光ファイバーケーブルのきほん

LAN ケーブル同様に、光ファイバーケーブルもデータを送受信するの
に用いられるケーブルの 1 つです。光ファイバーケーブルの特徴を見
ていきましょう。

37-1 光ファイバーケーブルとは？

　光ファイバーケーブル（Optical fiber Cable）も、ネットワークにおいて
データの送受信に用いられるケーブルです。石英ガラスやプラスチックで作
られています。電気信号から光信号に変換されたデータは、コアと呼ばれる
ケーブルの中心部分を通過して運ばれていきます。

　LAN ケーブルも光ファイバーケーブルも、データを運ぶものというネット
ワーク上の役割は同じです。しかし、一般的に LAN ケーブルと呼ばれる
UTP と光ファイバーケーブルには、ケーブルそのものの性質に異なる点があ
ります。

37-2 光ファイバーケーブルの特徴を学ぼう

　先ほど述べた通り、光ファイバーケーブルは石英ガラスやプラスチックで
できています。中心部である**コア**と、コアを覆っている**クラッド**の**二層構造**
になっているのが特徴です。コアとクラッドは屈折率が異なる素材でできて
おり、コア内を通る光信号はコアとクラッドの境目で全反射するため、光信
号はコアの外へ漏れ出さないようになっています。

　クラッドとコアをシリコンなどで覆った状態を**素線**、素線をさらに樹脂な
どで覆った状態を**心線**といいます。

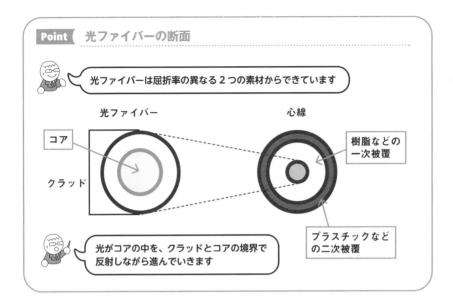

Point 光ファイバーの断面

光ファイバーは屈折率の異なる2つの素材からできています

光ファイバー　　　　　　　　　　心線

コア

クラッド

樹脂などの
一次被覆

プラスチックなど
の二次被覆

光がコアの中を、クラッドとコアの境界で
反射しながら進んでいきます

実際の光ファイバーケーブルは、心線を複数束ね、さらにその外側を覆って1本のケーブルにしています。用途に合わせて多くの種類が用意されています。

光ファイバーケーブルの種類

光ファイバーケーブルはコアに入ってくる光の角度によって光の反射の仕方、伝わり方が変わります。その1つ1つを**モード**といいます。モードの扱いによって、光ファイバーケーブルは大きく2つに分類することができます。それが **SMF（シングルモードファイバー）** と **MMF（マルチモードファイバー）** です。

SMFはコアの直径が細く、光の入射角が複数に分散しないため、1つのモードしか発生しません。MMFはコアの直径が太く、光の入射角が分散し、モードが複数発生します。モードが増えると光の伝わり方、伝達にかかる時間などに差が出てしまい、受信側が光信号を正しく受け取れない可能性が出てきます。SMFのほうが光信号を正しく受信でき、さらに長距離伝送に向いているため、ネットワーク上では、光ファイバーケーブルとしてSMFが多く使われています。

物
理
層
に
関
係
し
た
技
術
の
き
ほ
ん

6

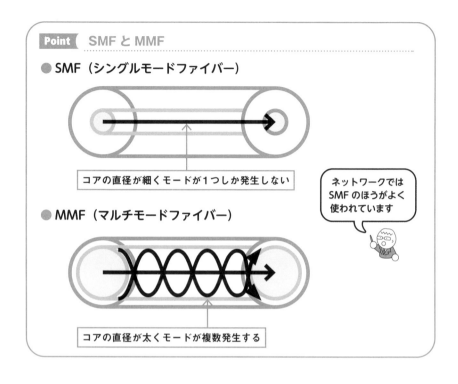

Point SMF と MMF

● SMF（シングルモードファイバー）

コアの直径が細くモードが1つしか発生しない

ネットワークでは
SMFのほうがよく
使われています

● MMF（マルチモードファイバー）

コアの直径が太くモードが複数発生する

37-3 光ファイバーケーブルのコネクタの種類

　光ファイバーケーブルのコネクタには、**SC コネクタ**（Square-shaped Connector）や **LC コネクタ**（Lucent Connector）、**MPO コネクタ**（Multi-fiber Push On）などの種類があります。LAN ケーブルでは基本的に RJ–45 が使われていましたが、光ファイバーでは心線の数に応じてコネクタが変わります。

　SC コネクタと LC コネクタは単心です。送受信で使われる 2 本の心線を並べて接続します。MPO コネクタは 4 本や 8 本といった複数の心線をまとめて接続できるように作られており、40G ビットイーサネットなどの環境で用いられています。

37-4 光ファイバーケーブルを接続する機器

　光ファイバーケーブルを接続する機器側には**光トランシーバー**、**トランシーバーモジュール**などと呼ばれる、光信号を電気信号に変換するモジュールが必要になります。一般的に、光ファイバーケーブルに対応した機器のポートは、RJ-45に対応したポートのようにそのままコネクタが接続できるようにはなっておらず、間にトランシーバーを挟んで接続するようになっています。

　トランシーバーには、**SFP**（Small Form-Factor Pluggable)、**SFP+**、**QSFP**（Quad Small Form-Factor Pluggable）などの多数の規格が存在し、接続するケーブルのコネクタの形状や規格に合わせてトランシーバーを用います。

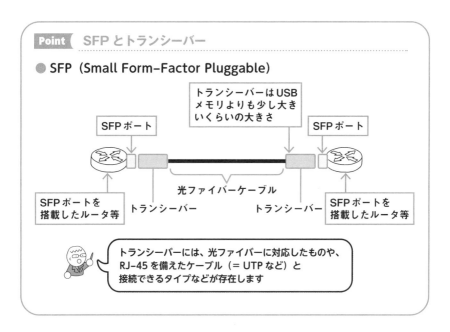

Point SFP とトランシーバー

● **SFP（Small Form-Factor Pluggable)**

トランシーバーは USB
メモリよりも少し大き
いくらいの大きさ

SFP ポート

SFP ポート

SFP ポートを
搭載したルータ等

トランシーバー

光ファイバーケーブル

トランシーバー

SFP ポートを
搭載したルータ等

トランシーバーには、光ファイバーに対応したものや、
RJ-45 を備えたケーブル（= UTP など）と
接続できるタイプなどが存在します

光ファイバーケーブルを扱うには、LAN
ケーブルとは異なる様々な知識が必要です

光ファイバーケーブルに触れる必要が出て
きたら、改めて調べてみようと思います

そうですね。光ファイバーケーブルやそれに関連した
規格は新しいものがどんどん生まれているので、実際
に扱うときに必要な情報を調べるのがいいでしょう

38 無線LANのきほん

無線 LAN は、もはや私たちの生活には欠かすことのできないものです。
どのような仕組みや規格があるのか、簡単に見ていきましょう。

38-1 無線 LAN とは？

> 無線 LAN って、Wi-Fi のことですか？

> うーん、厳密には Wi-Fi と無線 LAN は
> 同じものではありません

> その辺りから説明していきましょう

　無線 LAN とは、電波を使って機器間でデータをやり取りする通信方式を採用した LAN を指します。家庭内から社内まで、現在では幅広く用いられています。

　無線 LAN の規格は、**IEEE802.11** として標準化されています。

　IEEE802.11 では、物理的な側面から無線 LAN に必要な通信の方式、データの形式、周波数帯域やセキュリティなどの様々な定義付けを行っています。また、IEEE802.11 で定義された無線 LAN では、ネットワーク層より上位の層で通常の有線 LAN と同じように IP や TCP、UDP などを用いることができるため、有線が主流だった LAN で急速に無線 LAN が使われるようになりました。

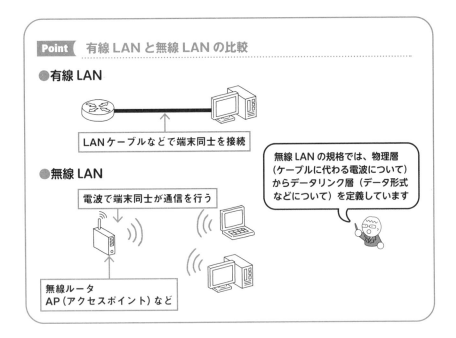

Point 有線 LAN と無線 LAN の比較

●有線 LAN

LAN ケーブルなどで端末同士を接続

無線 LAN の規格では、物理層
（ケーブルに代わる電波について）
からデータリンク層（データ形式
などについて）を定義しています

●無線 LAN

電波で端末同士が通信を行う

無線ルータ
AP（アクセスポイント）など

では Wi-Fi とは？

　一方、**Wi-Fi** はこうした定義や規格を示したものではなく、アメリカの団体である **Wi-Fi Alliance** によって作られた、IEEE802.11 に準拠していることを示す認定の名称です。Wi-Fi Alliance が行っている相互接続性などの試験に合格した無線 LAN 製品が、この認定を受けることができます。

　このため、厳密には無線 LAN イコール Wi-Fi ではありませんが、IEEE 802.11 に準拠した製品という観点でいえば、無線 LAN イコール Wi-Fi という表現が完全に間違っているわけでもありません。

38-2 無線 LAN の特徴を学ぼう

　それでは、無線 LAN の特徴を確認しておきましょう。

　次に挙げた特徴からもわかる通り、有線 LAN に比べて扱いやすく、便利に感じられる無線 LAN ですが、適切に扱うためには知っておくべき知識が多数

存在します。無線 LAN は幅広く奥深い分野なので、その中でも本書では無線 LAN の規格といくつかの周辺技術などに絞って解説していきます。

> **Point** 無線 LAN の特徴
>
> ● LAN ケーブルなしで通信を行う物理層～データリンク層の通信方式である
> ● 配線が不要なので、電波の届く範囲で機器を自由に配置できる
> ● 電波の干渉などが発生し得るため、有線と比べて安定感や通信品質に劣る
> ● 盗聴などの危険があるため、セキュリティ対策が必要になる
> ● 無線 LAN は IEEE802.11 で標準化されている

38-3 無線 LAN の規格とは？

　無線 LAN の規格は IEEE802.11 として標準化されていますが、実際にはそれをさらに細分化した規格がプロトコルとして用いられています。
　伝送規格として定義された主な規格は次のようになっています。

> **Point** IEEE802.11 規格
>
> | 規格 | 周波数帯域 | 最大伝送速度 | 高速化技術 |
> |------|-----------|-------------|-----------|
> | 802.11b | 2.4GHz | 11Mbps | |
> | 802.11a | 5GHz | 54Mbps | |
> | 802.11g | 2.4GHz | 54Mbps | |
> | 802.11n | 2.4GHz/5GHz | 600Mbps | チャネルボンディング、MIMO |
> | 802.11ac | 5GHz | 6.93Gbps | チャネルボンディング、MIMO |
> | 802.11ax | 2.4GHz/5GHz | 9.6Gbps | チャネルボンディング、MU-MIMO |

本書執筆時点で一般的な家庭用 Wi-Fi ルータなどで用いられているのは、**IEEE802.11n** や **IEEE802.11ac** です。新しい規格として 2021 年に策定されたのが **IEEE802.11ax** であり、**Wi-Fi6** とも呼ばれています。さらに新しい規格として IEEE802.11ax の後継規格として標準化が行われている **IEEE802.11be（Wi-Fi7）** も存在します。

対応している周波数帯域や最大伝送速度、周辺技術などは規格により異なり、基本的には新しいものほど最大伝送速度が増し、様々な高速化技術が用いられるようになっています。

自宅で Wi-Fi ルータを利用している場合、Wi-Fi ルータが入っていた箱や説明書を見てみてください。IEEE802.11 ○○対応といった文言が並んでいるのが確認できると思います。

38-4 2.4GHz と 5GHz の特徴について学ぼう

無線 LAN では、2.4GHz 帯と 5GHz 帯の 2 つの周波数を複数のチャネルに分割して用いています。それぞれ特徴が異なりますので確認していきましょう。

Point 2.4GHz と 5GHz の特徴

● 2.4GHz の特徴
- ISM バンドと呼ばれ、無線 LAN 以外に Bluetooth、電子レンジなどでも使用される周波数である
- 様々な機器が使用するため、電波干渉が起きやすい
- 壁などの障害物に強く、より遠方まで届く

● 5GHz の特徴
- 無線 LAN 専用の周波数である
- チャネルを重複することなく分割するため電波干渉が起きにくく、通信速度が 2.4GHz と比較して高速である
- 壁などの障害物に弱く、2.4GHz と比べて通信可能な距離が短い

2.4GHz と 5GHz では電波干渉の起きやすさ、障害物への強さ、通信可能な距離などが異なっています。一般的な Wi-Fi ルータでは、2.4GHz と5GHz の両方を選択できるものが多くなっています。通常の用途であれば、5GHz を使用することが多いでしょう。

2.4GHz と 5GHz の違い

　両者の違いとしてチャネルの分割の仕方が挙げられます。

　2.4GHz では 20MHz ずつ、13 のチャネルに分割されています。ただし、チャネル同士が若干重なり合っているため、実際に使用する際は重なり合わない3 つのチャネルを用いることになります。

　5GHz では、20MHz ずつに分割したチャネルを使用しますが、チャネル同士が重ならないように分割されているため、全てのチャネルを同時に用いることができます。また、全 20 個に分割されているチャネルが W52、W53、W56 という 3 つのグループに分けられています。

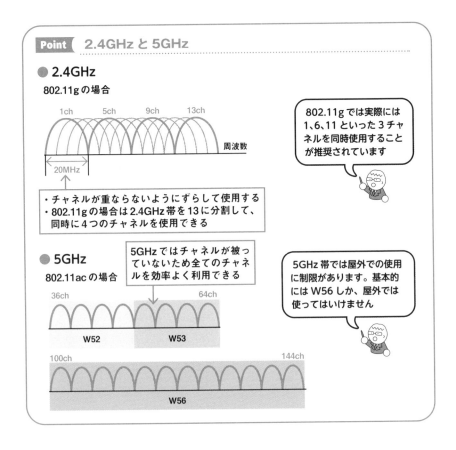

38-5 無線 LAN の高速化技術を見てみよう

　次に、無線 LAN を高速化するために発展してきたいくつかの技術について
簡単に触れておきましょう。

チャネルボンディング

　チャネルボンディングとは、隣り合う 2 つのチャネルを束ねて 1 つの通信
に用いることで、より高速な通信を可能にする技術です。元々 20MHz ごと
に分割したチャネルでデータを運搬していたところを 20MHz を 2 つ束ねた
40MHz のチャネルとすることで、より高速にデータを届けることができるよ

うになります。IEEE802.11n以降の規格で使えるようになりました。

　ただし複数のチャネルを束ねることで使用する帯域幅が広がるため、状況によっては干渉が発生しやすくなることには注意が必要です。

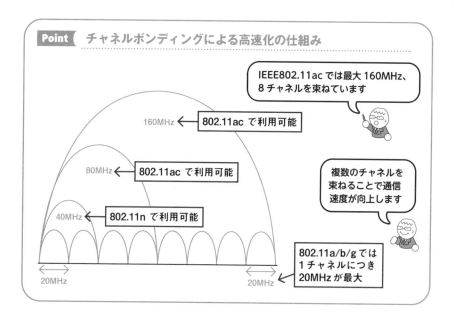

Point チャネルボンディングによる高速化の仕組み

IEEE802.11ac では最大160MHz、8チャネルを束ねています

160MHz 802.11ac で利用可能

80MHz 802.11ac で利用可能

40MHz 802.11n で利用可能

複数のチャネルを束ねることで通信速度が向上します

20MHz　20MHz

802.11a/b/g では1チャネルにつき20MHzが最大

MIMO、MU-MIMO

　MIMO（Multi-Input Multi-Output）は、複数のアンテナを使用して同一周波数で同時にデータを送信することで、通信速度などを向上させる技術です。アンテナの数だけデータを同時に送受信することができます。

　例えば、Wi-Fiルータのような無線機器とPCのような無線クライアントがそれぞれ複数のアンテナを搭載していれば、それだけ転送速度が増加します。

　通常のMIMOのことを**SU-MIMO**（Single User MIMO）ともいいます。1つの無線端末から、1つのクライアントに対して1対1で複数アンテナを用いて通信を行う方式です。この場合、使用するアンテナ数は搭載しているアンテナが少ない端末に合わせて通信を行います。

　しかし、無線端末がアンテナを複数持っていたとしても、クライアント側

がアンテナを1つしか持っていなければ1つのアンテナでしか通信ができません。そこで、**MU-MIMO**（Multi User MIMO）では複数のアンテナを異なるクライアントの通信に使えるようにしました。

　例えば4台アンテナを持つ無線端末では、2本のアンテナを持つクライアント、アンテナが1本のクライアント2台の、計3台のクライアントと同時に通信できるようになります。

　MU-MIMOはIEEE802.11acやIEEE802.11axでサポートしていますが、IEEE802.11acでサポートしているのはダウンロードMU-MIMO、つまりクライアントに向けた下り方向の通信のみをサポートしているMU-MIMOです。

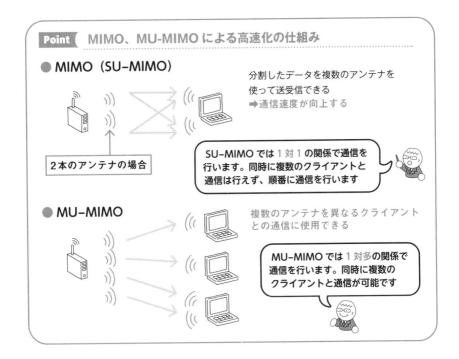

ビームフォーミング

　MIMOなどを駆使して無線の通信を高速化しようとしても、端末に適切に電波を届けることができなければ意味がありません。無線の電波は送信元の

端末から四方に飛んでいってしまうため、電波を受信側の端末方向に絞り、ビームのように集中させることで通信の品質を高める技術が**ビームフォーミング**です。

　電波を集中させることで強度が上がり、通信品質が向上し、不要な電波を減らすことになるため、他の機器との電波干渉を抑えることができます。

　ビームフォーミングは IEEE802.11ac から標準でサポートされています。

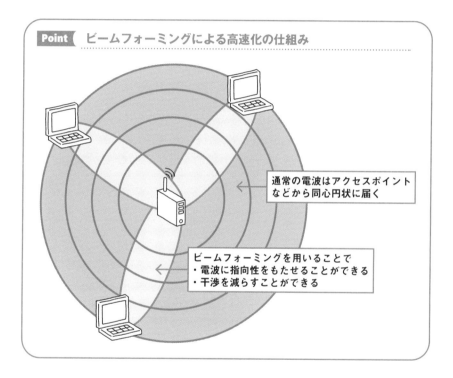

Point ビームフォーミングによる高速化の仕組み

通常の電波はアクセスポイントなどから同心円状に届く

ビームフォーミングを用いることで
・電波に指向性をもたせることができる
・干渉を減らすことができる

　これらの技術以外にも、それぞれの通信規格の中でデータの変調方式を変えたりフレームの多重化を行ったりして、通信効率の向上が図られています。様々な技術や仕組みにより、無線 LAN 通信の効率化・高速化が実現しているのです。

普段当たり前に使っている無線 LAN にも、様々な規格があるんですね

ここで紹介した内容以外にも、セキュリティの規格や QoS の規格など、無線 LAN 関連の規格や技術はたくさんあります

実際に業務で使うようになったら、さらに知識を深めてください

練 習 問 題

問題 1

ツイストペアケーブルの説明として正しいものはどれですか？

① 中心にコアと呼ばれるガラスなどの管が通っている。

② むき出しの銅線を複数束ねて 1 つのケーブルを形作っている。

③ STP は家庭内や企業のオフィスなどでよく用いられている。

④ 複数の金属線を被膜で覆った状態のものを撚り合わせている。

問題 2

次の 2 つの空欄に当てはまるものを①〜④の選択肢から選んでください。

光ファイバーケーブルの中心はコアと［　Ａ　］で構成されており、それらを
シリコンや樹脂などで二重に覆った状態のものを［　Ｂ　］と呼ぶ。

① 心線　　② MPO　　③クラッド　　④カテゴリー

問題 3

無線 LAN の説明として正しいものはどれですか？

① 独自のネットワーク層プロトコルを用いる。

② 標準化されている最新の規格は 802.11b である。

③ 5GHz の周波数帯は ISM バンドとも呼ばれる。

④ 2.4GHz 帯は無線 LAN 以外にも電子レンジなど様々な機器で使用されて
いる。

物理層に関係した技術のきほん

6

解 答

問題 1 解答

正解は、④の「複数の金属線を被膜で覆った状態のものを撚り合わせている。」

ツイストペアケーブルは複数の銅線を被膜で覆ったものを撚り合わせ、それをさらに外皮で覆ったものになります。

問題 2 解答

正解は、[　A　] は③のクラッド、[　B　] は①の心線。

光ファイバーケーブルの中心部はコアとクラッドから成り立っており、コアの中を光が通過します。クラッドとコアをシリコンなどで覆った状態を素線、素線をさらに樹脂などで覆った状態を心線といいます。

問題 3 解答

正解は、④の「2.4GHz 帯は無線 LAN 以外にも電子レンジなど様々な機器で使用されている。」

無線 LAN の通信規格では、物理層～データリンク層までを定義しています。802.11n、802.11ac などの規格が使われており、標準化された最新の規格は 802.11ax です。2.4GHz と 5GHz の周波数帯が用いられており、2.4GHz は障害物に強いが電波干渉が発生しやすく、5GHz は障害物に弱く、距離が短いが高速に通信することができます。

第7章 セキュリティ関連技術のきほん

39 情報セキュリティのきほん

私たちの生活は多くの情報で成り立っています。それらを脅かす脅威から情報を守る、情報セキュリティの基本について確認しておきましょう。

　第 7 章では、ネットワークを扱ううえで関わることの多い、セキュリティ技術について紹介していきます。その前に、IT に関わる内容ということで情報セキュリティの基本について、改めて確認しておきましょう。

　今や、私たちの生活にはインターネットが欠かせません。セキュリティの観点で考えると、インターネット上では多くの重要な情報がやり取りされていることに注意が必要です。例えば、私たちの個人情報はもちろんのこと、企業が持つ顧客情報や企業自身の機密事項なども、インターネット上を飛び交っています。こういった情報は、常に様々な脅威にさらされています。

　脅威から私たちの情報資産を守ること。これが**情報セキュリティ**です。情報セキュリティとは、情報資産を守るための脅威への対策なのです。

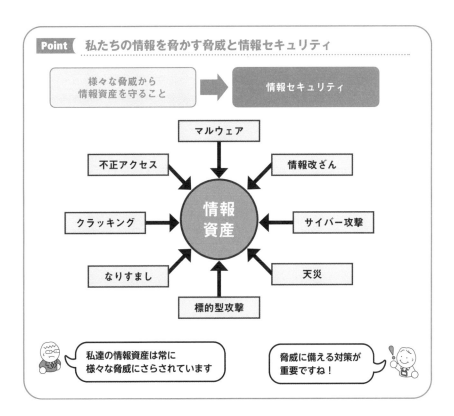

Point　私たちの情報を脅かす脅威と情報セキュリティ

様々な脅威から
情報資産を守ること　➡　情報セキュリティ

マルウェア
不正アクセス
情報改ざん
クラッキング
サイバー攻撃
なりすまし
天災
標的型攻撃

情報
資産

私達の情報資産は常に
様々な脅威にさらされています

脅威に備える対策が
重要ですね！

マメ知識

情報資産

情報資産とは、一般的に企業や組織などが保有、運用している情報全般を指します。社員の個人情報や顧客情報など、あらゆるデータが含まれます。PCやシステム上で扱われるデータだけでなく、HDDやSSD、USBメモリなどの情報を含んだ媒体や、紙媒体なども情報資産に該当します。個人が保有する情報も情報資産に含まれることもあります。

39-2 情報セキュリティの三大要素

　先ほど説明したように、情報セキュリティとは私たちの情報資産を脅かす存在から情報を守ること、守るための対策のことです。もう少し具体的に定義すると、**情報の機密性（Confidentiality）、完全性（Integrity）、可用性（Availability）を維持し、情報資産を守ること、と表すことができます。**機密性、完全性、可用性のことを**情報セキュリティの三大要素**といいます。英語の頭文字から、**情報のCIA**といわれることもあります。

　情報セキュリティの三大要素とは一体どのようなものなのでしょうか。一つずつ確認していきましょう。

機密性（Confidentiality）

　機密性とは、情報へのアクセスを許可されている人だけが、情報にアクセスできるようにすることです。

　個人情報や企業の内部情報など、機密性の高い情報は様々です。そうした情報に対して、個人情報なら本人以外が許可なくアクセスできないように、企業の情報なら限られた社員のみがアクセスできるように対策をして、制限をすることが機密性にあたります。

　例えば、システムやPCへのログインにパスワードをかける、部屋への入退室を管理する、ユーザーに応じた権限を付与して、それぞれがアクセスできる情報を権限に応じて制限するなど、機密性を確保する手段には様々な方法があります。通信を暗号化し盗聴から保護することなども、機密性を確保する対策として挙げられます。

完全性（Integrity）

完全性とは、情報を破壊、改ざんなどから保護することです。

情報を守るには機密性を確保し、不正に閲覧、取得されないようにするだけでなく、第三者から情報を不正に書き換えられたり、削除されたりしないように保護する必要があります。これを情報の完全性といいます。

通信やデータが改ざんされ、完全性が失われるとデータの正確性や信頼性が失われてしまいます。

完全性を保持するための対策として、デジタル署名やハッシュ関数を用いたデータ改ざんの検知や、アクセスや変更の履歴の保持、定期的なバックアップの取得などが挙げられます。

可用性（Availability）

可用性とは、情報を利用する人が、必要なときに必要な情報資産にアクセスできるようにすることです。

情報やシステムをいつでも必要なときに使える状態に保持しておき、安全にアクセスできることを可用性といいます。システムやインフラなどでは冗長化を図り、障害などに備えることで可用性を高めています。

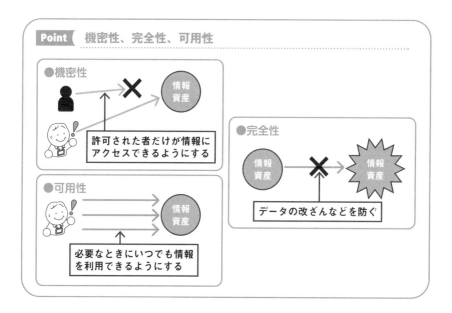

Point 機密性、完全性、可用性

●機密性
許可された者だけが情報にアクセスできるようにする

●完全性
データの改ざんなどを防ぐ

●可用性
必要なときにいつでも情報を利用できるようにする

7

セキュリティ関連技術のきほん

303

これら三大要素にさらに 4 つの要素を加えて情報セキュリティの七要素といわれることもあります。

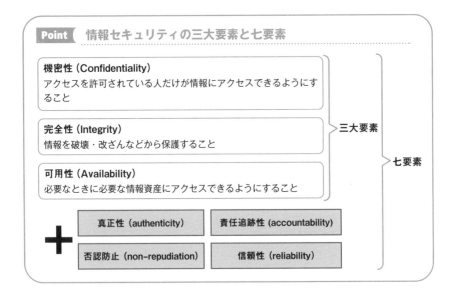

Point　情報セキュリティの三大要素と七要素

機密性（Confidentiality）
アクセスを許可されている人だけが情報にアクセスできるようにすること

完全性（Integrity）
情報を破壊・改ざんなどから保護すること

可用性（Availability）
必要なときに必要な情報資産にアクセスできるようにすること

三大要素

七要素

＋　真正性（authenticity）　責任追跡性（accountability）

否認防止（non-repudiation）　信頼性（reliability）

39-3　情報資産を脅かす脅威

　情報セキュリティの目的である機密性・完全性・可用性の 3 つについて説明しました。では、これらを阻害し脅かす脅威にはどのようなものがあるのでしょうか。
　脅威とは、情報セキュリティにより保護される情報資産を破壊、攻撃するものを指します。脅威には様々なものがありますが、大きくは人的脅威・物理的脅威・技術的脅威の 3 つに分けられます。

人的脅威
　人的脅威とは、人の行動を起因として発生する脅威のことをいいます。情報を扱う作業者によるミスのような意図せず発生する脅威と、悪意を持って行われる脅威に分けることができます。

前者は、例えば操作ミスをしてデータを流出させてしまう、データの入った端末を紛失してしまうといった事例が挙げられます。後者では、ショルダーハッキングと呼ばれるパスワードなどを盗み見る行為や成りすまし、従業員による内部情報の不正な流出などが挙げられます。人の心理や行動の隙を突いて機密情報を不正に手に入れる手法のことを、**ソーシャルエンジニアリング**といいます。

人的脅威への対策としては、社内のセキュリティ規則を設計し、実施することや、セキュリティ教育といった人への対策、情報へのアクセスの制限（機密性の確保）の実施といった技術的な対策などが挙げられます。

物理的脅威

物理的脅威とは、機器の故障や天災など、物理的に発生する脅威のことをいいます。 物理的脅威として、機器の劣化や落下などによる物理的な故障、地震や落雷、火災などによって引き起こされる物理的な情報資産の破壊、さらに情報資産の盗難などが挙げられます。

物理的脅威には、対策が難しい天災が含まれています。物理的脅威全般によるデータ喪失の対策として一般的に挙げられるのは、定期的なバックアップの取得です。天災などによってデータやシステムに障害が引き起こされたとしても、それらに対するバックアップが正常に行われていれば、問題なくシステムの運用を続けることができます。

技術的脅威

技術的脅威とは、プログラムやネットワーク、コンピュータ上などで生じるデータの破壊や改ざんなどの脅威のことをいいます。 ソフトウェアやプログラムのバグに起因するもの、ウィルスやスパイウェアといったものを総称するマルウェア、不正アクセスなどが挙げられます。

技術的脅威は日々進歩しているため、対策が難しくなっています。セキュリティソフトの導入や使用している OS、機器のアップデート、アクセス制御などにより機密性を高めることなどが、対策として挙げられます。

Point 情報資産を脅かす 3 つの脅威

脅威	内容	例
人的脅威	人為的な行動によって被害をもたらす	・誤操作 ・詐欺 ・ソーシャルエンジニアリング
物理的脅威	サーバやネットワーク機器の破壊や故障など、物理的な被害をもたらす	・機器の故障 ・停電 ・災害
技術的脅威	プログラムのバグやマルウェアなど技術に起因した被害をもたらす	・盗聴　・コンピュータウィルス ・改ざん　・不正アクセス ・なりすまし　・外部からの攻撃

情報資産やシステムが脅威にさらされてしまうと、企業や個人は多大な被害を受けてしまいます

皆がセキュリティ意識を持って守らなければならないんですね！

技術でカバーしきれない部分もあるので、脅威を学んで認識しておくことが重要です

40 SSL/TLSのきほん

ネット上には多くの情報が飛び交っています。誰でも接続できる環境にそのまま情報を流すわけにはいきません。暗号化などを担う技術について見ていきましょう。

40-1 SSL/TLSとは？

前節では情報セキュリティの基本を確認しました。個人情報に代表される情報資産は常に様々な脅威にさらされており、セキュリティに配慮して扱わなければならないことを再確認できたかと思います。ここでは、実際に情報セキュリティを実践するための技術について、具体的に見ていきましょう。

情報資産を扱うことは、皆さんの生活にも密接に関わっています。特に、ネットワークを通じて情報資産をやり取りすることは、現代では一般的になっています。例えば、Webで買い物をするとき、クレジットカードの情報を入力したことがある人は多いでしょう。クレジットカード情報のような重要な個人情報をインターネット上でやり取りするとき、中身が丸見えのままデータとして送信されてしまうと、誰かに盗み見られてしまうかもしれません。

そういったデータの盗聴を防ぐ対策として、**データの暗号化**や**認証**が挙げられます。送受信するデータを暗号化することで、万が一インターネット上で盗聴されたとしても、復号できず、中身がわからない状態にすることができます。また、通信相手を認証することで、不正な相手と通信してしまうことを防ぐことができます。

Webなどでデータを暗号化して送受信するためのプロトコルが**SSL/TLS**（Secure Sockets Layer/Transport Layer Security）です。HTTPやFTPの通信など様々な場面で、機密性の高いデータをSSL/TLSで暗号化することで、安全にやり取りできます。

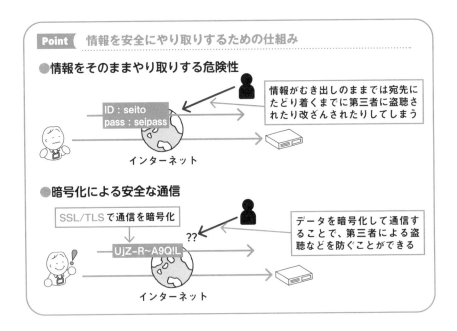

Point 情報を安全にやり取りするための仕組み

●情報をそのままやり取りする危険性

ID : seito
pass : seipass

情報がむき出しのままでは宛先に
たどり着くまでに第三者に盗聴さ
れたり改ざんされたりしてしまう

インターネット

●暗号化による安全な通信

SSL/TLS で通信を暗号化

UjZ-R~A9Q!L

??

データを暗号化して通信す
ることで、第三者による盗
聴などを防ぐことができる

インターネット

SSL/TLS は **SSL** と **TLS** という別のプロトコルです。TLS は SSL の後継のプ
ロトコルであり、SSL を基に標準化されたプロトコルです。現在は一般的に
TLS が使用されており、SSL は使われていません。

ただ、SSL の名称が広く使われていたため、TLS のことを SSL/TLS と表記
するのが一般的になっています。

40-2 SSL/TLS の歴史を見てみよう

先ほど述べた通り、TLS は SSL の後継プロトコルです。元々は 1990 年代
に SSL2.0（1.0 は発表前に脆弱性が見つかったため発表されず）として
Web の通信を守るために作られました。そこから、技術の発展に合わせて
SSL のバージョンが更新されていき、1999 年に SSL3.0 をもとにしたプロト
コルとして TLS1.0 が発表されました。

現在では、SSL2.0 や SSL3.0、TLS1.0 や TLS1.1 には安全性に問題がある
ため、使用が推奨されていません。

SSL/TLS で現在用いられているバージョンは、TLS1.2 や最新のバージョン
である TLS1.3 となっています。

バージョン	説明
SSL1.0 SSL2.0	・SSL1.0 はリリース前に脆弱性が見つかったため公開されず ・SSL2.0 は 1994 年に Netescape Communications が公開 ・その後脆弱性が発見され、2011 年には使用が禁止された
SSL3.0	・2.0 の脆弱性に対応したバージョン ・2014 年に POODLE 攻撃と呼ばれる脆弱性が発見され、使用が禁止された
TLS1.0	・1999 年に IETF によって公表 ・機能そのものは SSL3.0 と大きくは変わらないが、安全性の向上が行われている ・2020 年に主要なブラウザで無効化されることが発表された
TLS1.1	・2006 年に標準化 ・TLS1.0 の脆弱性（BEAST 攻撃）への対応など、安全性の向上が行われている ・TLS1.0 と同様に 2020 年に主要ブラウザで無効化されることが発表された
TLS1.2	・現在最も使われているバージョン ・2008 年に標準化され、対応するハッシュ関数の増加や新たな暗号化方式への対応など ・安全性の向上を目指した様々な対応が行われている
TLS1.3	・2018 年に標準化 ・徐々に TLS1.3 への移行が行われ始めている ・より強力なハッシュ関数や暗号化方式に対応している

40-3 SSL/TLS の仕組みを学ぼう

それでは、SSL/TLS がどのように通信を暗号化しているか確認していきま
しょう。深掘りしすぎると理解が難しくなりますので、本書では簡潔に説明
します。ここでは一般的によく用いられている TLS1.2 を例に仕組みを見てい

きましょう。

　TLS では、大きく分けて 3 つの処理を行っています。それが**認証**、**鍵交換**、**通信の暗号化**です。図に示す Web サイトにアクセスする例を基に、TLS を使った通信の流れを見てみましょう。

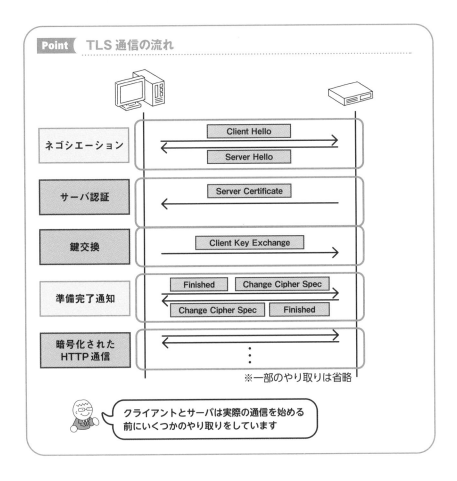

次の【Point】内の図をご覧ください。まずは①**認証**の部分について説明します。認証では、クライアントがアクセスしているサーバが本当に正しい相手かどうかを検証しています。アクセスした際、サーバから SSL 証明書が提供されます。証明書は、上位の**認証局**と呼ばれる機関によって署名され、そ

のサーバを提供しているサーバの所有者や企業、団体などを証明してくれます。

　クライアントは、受け取った証明書の内容を検証することで、相手が正しい通信相手であることを確認しています。

　次に、鍵交換と通信の暗号化について説明します。通信を暗号化／復号するには、共通の鍵が必要になります。ただし、鍵のデータを暗号化しないまま受け渡してしまっては、第三者に鍵を盗聴されてしまうかもしれません。そこで、**公開鍵暗号方式**という方法を使います。共通の鍵を生成するために必要な情報を、公開鍵暗号方式で安全に受け渡しています。この鍵の受け渡しが②**鍵交換**と呼ばれる部分です。

　そして、受け渡される情報から生成された共通の鍵を使って通信を暗号化することを共通鍵暗号方式と呼んでいます。これが③**通信の暗号化**の部分です。

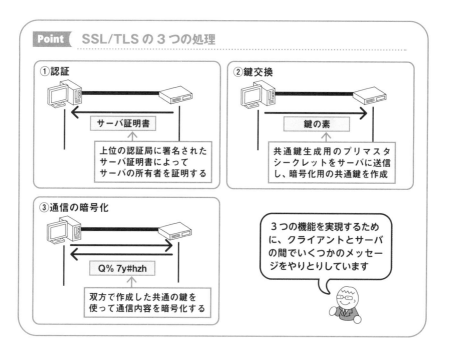

Point　SSL/TLS の 3 つの処理

①認証
サーバ証明書
上位の認証局に署名された
サーバ証明書によって
サーバの所有者を証明する

②鍵交換
鍵の素
共通鍵生成用のプリマスタ
シークレットをサーバに送信
し、暗号化用の共通鍵を作成

③通信の暗号化
Q% 7y#hzh
双方で作成した共通の鍵を
使って通信内容を暗号化する

3つの機能を実現するために、クライアントとサーバの間でいくつかのメッセージをやりとりしています

40-4 SSL/TLSのハンドシェイク

　SSL/TLS を用いた通信を実現するために用いられるメッセージを見てみましょう。TLS ではクライアントとサーバ間で TLS ハンドシェイクというメッセージのやり取りを行い、認証、鍵交換、通信の暗号化に必要な情報を双方で共有しています。

　暗号化した通信を行うまでの流れは、次のようになっています。

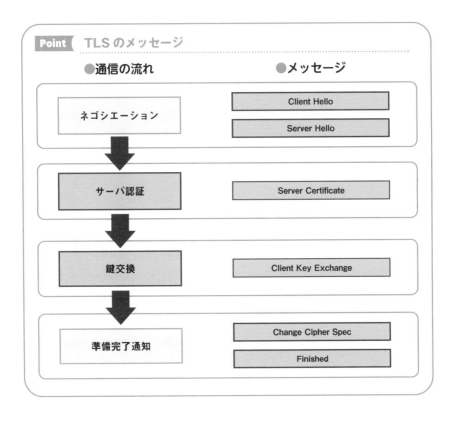

　続いて、それぞれのメッセージについて、簡単に解説していきます。1 つ前の **40-3** の図も合わせて参照してください。

Client Hello

Client Hello は、TLS の通信開始をクライアントからサーバに通知します。メッセージには SSL/TLS のバージョン、乱数、セッション ID、クライアント側で利用できる暗号化方式と圧縮方式などの情報が含まれています。

Server Hello

Server Hello は、送られてきた Client Hello に基づいて、使用する暗号化とハッシュ関数のアルゴリズムをサーバ側で決定し、クライアントに通知します。Client Hello と同じように、サーバ側の情報が含まれています。

Server Certificate

Server Certificate はサーバからクライアントに、SSL 証明書を送信します。証明書には、アクセスするサーバの証明に必要な情報、証明書を発行した認証局の情報やサーバの公開鍵などが含まれています。メッセージ自体が省略される場合もあります。

Client Key Exchange

Client Key Exchange は、通信を暗号化／復号するために用いる共通鍵を生成するための情報（プリマスタシークレット）を、クライアント側で生成して送信します。送信する際は、証明書に含まれているサーバの公開鍵を使って暗号化したうえで送信しています。

Change Cipher Spec

Change Cipher Spec は交換した乱数とプリマスタシークレットを使ってマスタシークレットを生成し、そこからさらに共通鍵を生成します。そしてこれ以降はこの生成した共通鍵を使用して暗号化した通信を行いますよ、というメッセージをクライアントとサーバの双方が送り合います。

Finished

Finished はクライアントがサーバの認証に成功し、共通鍵を共有できたことをサーバに向けて通知する、ハンドシェイクの完了を示すメッセージです。クライアントとサーバの双方が送り合います。

　こういったメッセージのやり取りをハンドシェイクとして行うことで、ク

ライアントとサーバの間で暗号化した通信が行えるようになります。

私たちが普段使っている Web の通信など
では、実際の通信の前にこういったハンド
シェイクが行われているんですね

SSL/TLS を理解するには、さらに証明書や
暗号化アルゴリズムの学習も必要なんですが、
今回はここまでにしておきましょう

少しずつ勉強していきます！

41

VPNのきほん

リモートで仕事をする機会が増えた昨今、VPN という言葉を耳にすることが多くなりました。ここでは、企業のセキュリティに欠かせない VPN について見ていきましょう。

41-1　VPN はテレワークに欠かせない技術

　IT 業界に限らず、自宅勤務などのテレワークを行う企業が増えています。しかし、自宅などの社外からは、社内にあるサーバや社内でしか使えないシステムにアクセスできず、不便なことが多くなります。また、テレワークだけでなく複数の拠点間で通信を行う際は、通常のインターネット回線ではセキュリティ面で懸念があります。

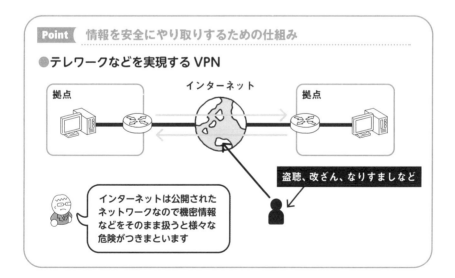

Point　情報を安全にやり取りするための仕組み

●テレワークなどを実現する VPN

拠点　インターネット　拠点

盗聴、改ざん、なりすましなど

インターネットは公開されたネットワークなので機密情報などをそのまま扱うと様々な危険がつきまといます

　そこで、拠点間での通信や外部からのアクセスを安全に実現する技術が **VPN** です。**VPN**（Virtual Private Network）は、通信事業者が提供してい

る閉じたネットワークやインターネットのような公衆ネットワーク上で作られる、仮想的な専用線のことを指します。

従来の専用線と VPN

　元々は拠点間などを結ぶ通信には、専用線が用いられることがありました。専用線とは文字通り専用の通信回線を引き、物理的に他のユーザーと隔離した回線を用いて通信することで、セキュリティの強化や安定した通信品質などのメリットを得られるサービスのことです。大企業や、金融機関に代表される高度な安全性や通信品質が求められる環境では、通信事業者が提供する専用線のようなサービスが使われていました。

　ただし、専用線は一般的なインターネット回線に比べてコストがかかります。そこで、通常のインターネット回線上でも企業の拠点間やリモートワークする際の社員の PC と拠点のネットワーク間などを安全に通信できるようにするための手法が用いられるようになりました。それが、**VPN** を使った接続方法です。VPN を使うことで、専用線を用意せずともセキュリティに配慮した安全な通信を実現することができます

　通信事業者の提供する VPN には、インターネット回線ではなく、事業者が用意する閉じたネットワークを用いて通信を行うサービスもあります。そういったサービスでは、インターネット回線よりも高品質な環境が提供されることが多くなっており、安全面だけでなく、専用線のようにある程度の通信品質を保つことができます。

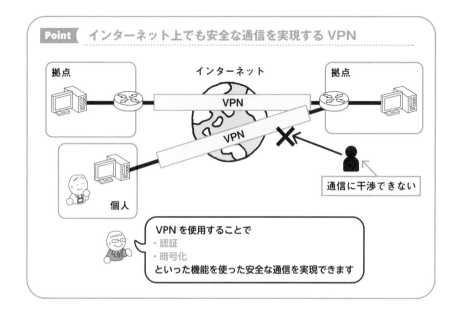

Point　**インターネット上でも安全な通信を実現する VPN**

拠点　インターネット　拠点

VPN

VPN

通信に干渉できない

個人

VPN を使用することで
・認証
・暗号化
といった機能を使った安全な通信を実現できます

7

セキュリティ関連技術のきほん

41-2 VPNの３つの要素

39 で説明した通り、現代の通信は常に様々な危険にさらされています。企業がやり取りする通信には機密性の高い情報が多く含まれます。盗聴されて情報が流出してしまうようなことがあれば、被害は甚大なものになることが想像できます。

VPN を用いれば、拠点間の通信や外部からのアクセスを安全に行うことが可能になります。では、どのようにして安全な通信を実現しているのでしょうか。

多くの VPN では以下の３つ要素をサポートすることで、安全な通信を可能にしています。

それが、**トンネリング**、**暗号化**、**認証**です。

トンネリング

仮想的な専用線としての VPN を実現する技術がトンネリングです。VPN に対応した機器間で仮想的なトンネルを作り、間を行き交うパケットをカプ

317

セル化します。カプセル化することで、離れた拠点同士がインターネットを挟まずに繋がっているかのように見せることができるのです。

　そのため、クライアントは社内のネットワーク別拠点のネットワークにアクセスしたり、社外から社内のネットワークにアクセスしたりすることができるようになります。

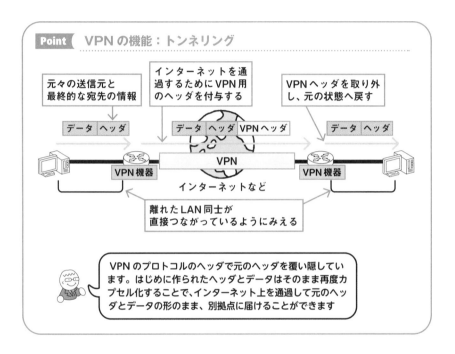

Point VPN の機能：トンネリング

元々の送信元と最終的な宛先の情報

インターネットを通過するために VPN 用のヘッダを付与する

VPN ヘッダを取り外し、元の状態へ戻す

データ ヘッダ

データ ヘッダ VPN ヘッダ

データ ヘッダ

VPN 機器

VPN

VPN 機器

インターネットなど

離れた LAN 同士が直接つながっているようにみえる

VPN のプロトコルのヘッダで元のヘッダを覆い隠しています。はじめに作られたヘッダとデータはそのまま再度カプセル化することで、インターネット上を通過して元のヘッダとデータの形のまま、別拠点に届けることができます

暗号化

　VPN の通信には、通常のインターネット回線を通過するものもあります。インターネット上を通過する通信は、第三者から盗み見られる可能性があります。それを防ぐために対策を講じる必要があります。

　VPN では、通信内容を様々な暗号化技術を用いて暗号化し、通信相手しか復号できないようにすることで、第三者に盗聴されても中身を盗み見ることができないようにしています。

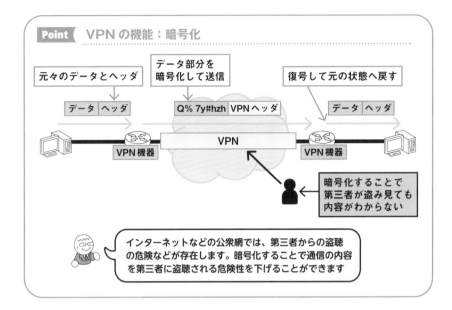

Point VPN の機能：暗号化

元々のデータとヘッダ

データ部分を
暗号化して送信

復号して元の状態へ戻す

データ｜ヘッダ

Q% 7y#hzh｜VPN ヘッダ

データ｜ヘッダ

VPN

VPN 機器

VPN 機器

暗号化することで
第三者が盗み見ても
内容がわからない

インターネットなどの公衆網では、第三者からの盗聴
の危険などが存在します。暗号化することで通信の内容
を第三者に盗聴される危険性を下げることができます

認証

　トンネリングと暗号化でインターネットのような公衆網上を安全に通過す
ることができるようになりました。しかし、そもそもの通信相手が不正な相
手であった場合、いくら暗号化などの対策を講じても意味がありません。

　そこで、VPN ではデータの送信者と受信者間で、お互いに相手を正しい通
信相手だと確認する、つまり認証を行ったうえで通信を始めます。認証を行
うことで、第三者の成りすましによる情報漏えいなどを避けることができ
ます。

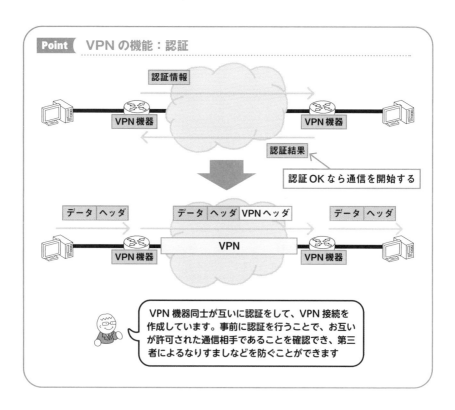

Point VPN の機能：認証

認証情報

VPN 機器　　　　　　　　　VPN 機器

認証結果

認証 OK なら通信を開始する

データ ヘッダ　　　データ ヘッダ VPN ヘッダ　　　データ ヘッダ

VPN

VPN 機器　　　　　　　　　VPN 機器

VPN 機器同士が互いに認証をして、VPN 接続を作成しています。事前に認証を行うことで、お互いが許可された通信相手であることを確認でき、第三者によるなりすましなどを防ぐことができます

42 様々なVPNのきほん

VPN といっても、用途によっていくつかの種類が存在します。一般的によく用いられる VPN の分類について見ていきましょう。

42-1 用途に応じた2種類のVPN

　様々な場面で用いられている VPN ですが、用途に応じて大きく2種類に分類することができます。それが**インターネット VPN** と、通信事業者の提供する**閉域網を用いた VPN** です。

　ここでは、それぞれの違いを押さえておきましょう。

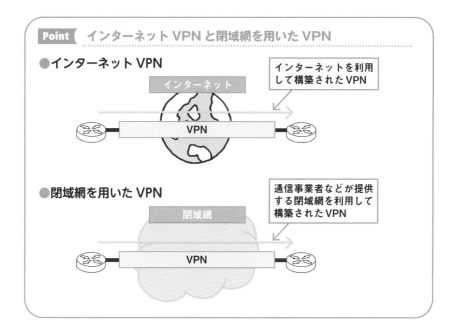

Point　インターネット VPN と閉域網を用いた VPN

●インターネット VPN

インターネット

VPN

インターネットを利用して構築された VPN

●閉域網を用いた VPN

閉域網

VPN

通信事業者などが提供する閉域網を利用して構築された VPN

42-2 一般的な回線を使用するインターネット VPN

　インターネット VPN は、一般的なインターネット回線を利用した VPN です。既存のインターネット回線を用いるため、通信事業者に何らかのサービスを申し込んだりする必要がありません。

　インターネット VPN はその用途から、拠点間を結ぶ**サイト間 VPN** と、外部から会社などへのアクセスを可能にする**リモートアクセス VPN** の 2 つの構成に分類することができます。

サイト間 VPN

　サイト間 VPN は、企業の拠点間の通信を VPN で行う際に用いられます。拠点間で VPN を用いることで、あたかも複数の拠点が直接繋がったネットワークになっているかのように、それぞれの拠点内のサーバや社内システムなどのリソースを扱うことができます。もちろん、暗号化・認証といった処理を行うため、安全面にも配慮された通信が可能になっています。

　サイト間 VPN では、それぞれの拠点に VPN の処理を行う機器を設置する必要があります。使用したい VPN に対応しているルータやファイアウォールなどのネットワーク機器を設置し、必要に応じた設定を施さなければなりません。その代わり VPN のトンネリング、暗号化、認証といった処理はルータやファイアウォールなどのネットワーク機器が行います。他拠点へのアクセスを行う LAN 内の PC に VPN クライアントソフトを導入する必要がないため、クライアントの立場では気軽に使える VPN といえます。

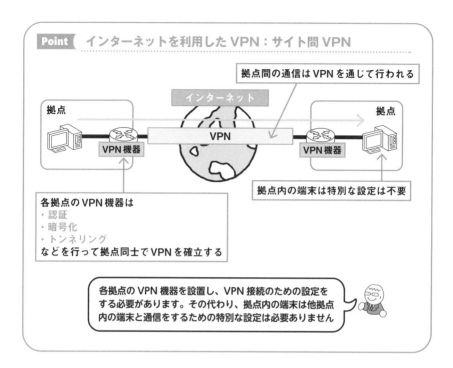

Point インターネットを利用した VPN：サイト間 VPN

拠点間の通信は VPN を通じて行われる

インターネット

拠点

拠点

VPN

VPN 機器

VPN 機器

拠点内の端末は特別な設定は不要

各拠点の VPN 機器は
・認証
・暗号化
・トンネリング
などを行って拠点同士で VPN を確立する

各拠点の VPN 機器を設置し、VPN 接続のための設定を
する必要があります。その代わり、拠点内の端末は他拠点
内の端末と通信をするための特別な設定は必要ありません

リモートアクセス VPN

　リモートアクセス VPN は、企業の拠点と VPN クライアントソフトをイン
ストールしたクライアント端末間を VPN で接続するために用いられます。例
えば自宅勤務でテレワークを行っているとき、会社のサーバやシステムにア
クセスする際に用いられています。

　サイト間 VPN と異なり、リモートアクセス VPN では拠点の VPN 機器と、
各クライアント端末に導入された VPN クライアントソフト間でトンネリング
や暗号化などの処理を行います。そのため、扱う VPN に対応したクライアン
トソフトのインストールや OS 側での設定が必要です。

323

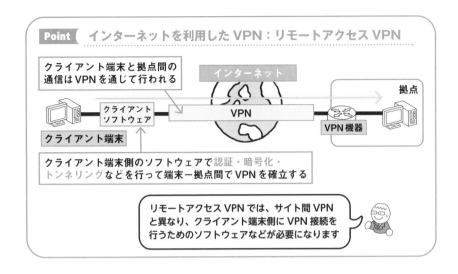

Point インターネットを利用した VPN：リモートアクセス VPN

クライアント端末と拠点間の
通信は VPN を通じて行われる

インターネット

VPN

拠点

クライアント
ソフトウェア

クライアント端末

VPN 機器

クライアント端末側のソフトウェアで認証・暗号化・
トンネリングなどを行って端末－拠点間で VPN を確立する

リモートアクセス VPN では、サイト間 VPN
と異なり、クライアント端末側に VPN 接続を
行うためのソフトウェアなどが必要になります

42-3 インターネットを用いた VPN で使われる方式

　インターネット VPN では **IPSec−VPN** と **SSL−VPN** という 2 つの方式が
よく用いられています。IPSec も SSL も、どちらも通信の暗号化や認証といっ
たセキュリティ機能を実現するために作られたプロトコルです。VPN では、
どちらも VPN に必要な機能を持っているプロトコルとして盛り込まれていま
すが、用途はそれぞれ異なります。

　ここでは 2 つの方式の特徴を押さえておきましょう。

IPSec−VPN

　IPSec−VPN は、**サイト間 VPN** でよく用いられている方式です。拠点間の
通信を、それぞれの拠点に設置した VPN 機器でトンネリング・暗号化して通
信を行います。そのため、サイト間 VPN で用いられる IPSec−VPN ではクラ
イアント端末から通信が送信された時点で暗号化されているのではなく、拠
点の VPN 機器から WAN に向けて出ていく際にトンネリング・暗号化され
ます。受信側拠点の VPN 機器で受け取った際に復号して、宛先の端末に受け
渡しています。

　IPSec−VPN で用いられているネットワーク層のプロトコルである **IPSec**

（Internet Protocol Security）は RFC1825 で標準化され、RFC6071 で現在の名前になった IP のセキュリティを提供するプロトコル群です。**ESP**（Encapsulating Security Payload）プロトコルや **AH**（Authentication Header）プロトコル、**IKE**（The Internet Key Exchange）プロトコルといった複数のプロトコルから成り立っています。

ESP はパケットを暗号化し、さらにパケットの改ざん検査も行うことで盗聴や改ざんを防ぐ役割を持っています。AH は暗号化を行わず、改ざんの検査のみを行います。なお現在では AH はほぼ使われておらず、基本的には ESP が用いられています。

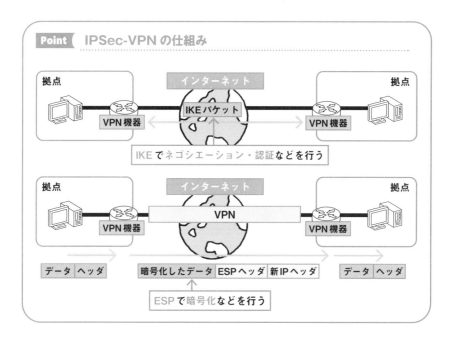

なお、IPSec–VPN はサイト間 VPN だけでなくリモートアクセス VPN にも用いられますが、その場合はクライアント端末に IPSec–VPN に対応した VPN クライアントソフトが必要になります。

SSL–VPN

SSL–VPN は、暗号化技術に Web ブラウザなどで用いられている SSL/

TLS の機能を利用した VPN で、**リモートアクセス VPN** でよく用いられる方式です。IPSec-VPN でリモートアクセスする場合は対応した VPN クライアントソフトが必要だったのに対して、SSL-VPN は Web ブラウザが SSL/TLS の処理を行ってくれるため、Web ブラウザさえあれば専用のクライアントソフトは必要ありません。

　SSL-VPN には**リバースプロキシ**、**L2 フォワーディング**、**ポートフォワーディング**などの方式がありますが、よく用いられるのはリバースプロキシと L2 フォワーディングです。

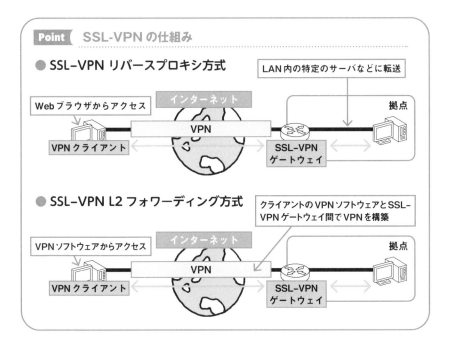

リバースプロキシ方式では、拠点に設置された SSL-VPN 機器がリバースプロキシサーバとしてクライアントからの VPN アクセスを受け付け、拠点内の特定のアプリケーションサーバにアクセスを転送してくれます。ただし、リバースプロキシ方式では Web ブラウザを使ったアプリケーションしか使えません。

　L2 フォワーディング方式は、クライアント側に VPN クライアントソフト

を導入して、ソフトと拠点側の SSL–VPN 機器の間で VPN 接続を行う方式です。クライアント – 拠点間の通信を HTTP でカプセル化したうえで、SSL/TLS で暗号化して通信を行います。ポート番号やアプリケーション、トランスポート層以上のプロトコルの制限を受けないという利点があります。

ポートフォワーディング方式は、拠点側の SSL–VPN 機器にあらかじめ拠点内のアプリケーションサーバと対応するポート番号を設定しておき、そのポート番号にアクセスしてきた通信をアプリケーションサーバに転送する方式です。事前準備などの煩雑さから、現在はあまり使われていません。

42-4 閉域網を用いた VPN

通信事業者の提供する閉域網を用いた VPN には、**IP–VPN**、**エントリーVPN**、**広域イーサネット**などの方式があります。閉域網とは、インターネットから分離された、契約者だけが利用可能なネットワークのことです。どの方式も通信事業者と契約し、閉域網に接続して閉域網内を通る VPN を使用して通信を行います。インターネットのような公衆網を使った VPN と異なり、閉域網を使うため、不特定多数の第三者に通信を盗聴される危険も少なく、通信品質もある程度保たれるようになっています。

それでは、どんな方式なのか順番に見ていきましょう。

IP–VPN

IP–VPN は、先ほど述べたように通信事業者の閉域網を使って拠点間での通信を行います。契約した企業しか使えない限られた回線になるため、第三者の通信によって通信品質に影響を受けることは少なく、サービスによっては帯域保証をしているものもあります。

IP–VPN では、サービスを受ける拠点側には難しい設定は必要なく、通常の回線と同じように扱うことができます。通信事業者側では、契約者の通信が混ざり合うことがないようにするため、MPLS（Multi–Protocol Label Switching）という技術で企業ごとの通信を仮想的に分離しています。

MPLS は、パケットの IP ヘッダとフレームのヘッダの間にラベル付けを行う技術です。利用者から送られてきたパケットに MPLS でラベルを付け、ラ

ベル情報に基づいてパケットを転送します。MPLS を用いることで、効率的に利用者の通信を分離しています。

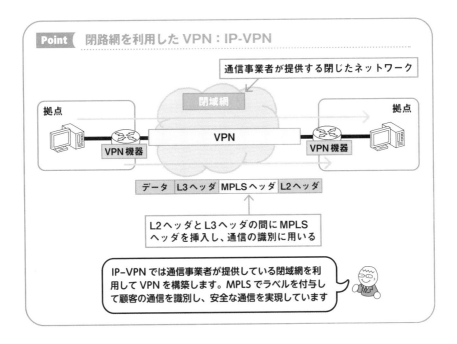

閉路網を利用した VPN：IP-VPN

通信事業者が提供する閉じたネットワーク

閉域網

拠点

VPN

拠点

VPN 機器

VPN 機器

データ　L3ヘッダ　MPLSヘッダ　L2ヘッダ

L2ヘッダと L3ヘッダの間に MPLS
ヘッダを挿入し、通信の識別に用いる

IP-VPN では通信事業者が提供している閉域網を利
用して VPN を構築します。MPLS でラベルを付与し
て顧客の通信を識別し、安全な通信を実現しています

エントリー VPN

　エントリー VPN は、IP-VPN 同様に通信事業者の閉域網を使って通信を行います。ただし IP-VPN とは異なり、ブロードバンド回線などで作られた閉域網を使うため、帯域保証などはありません。

広域イーサネット

　広域イーサネットは、IP-VPN 同様に通信事業者の閉域網を利用する VPNサービスです。広域イーサネットでは、企業の拠点内の LAN をそのまま繋げて、拠点同士が LAN で直接繋がっているかのように通信することができます。少々わかりづらいとは思いますが、1 台の L2 スイッチを介して複数拠点が繋がっていることをイメージしてみてください。

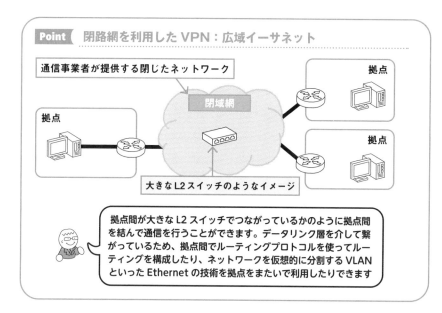

Point 閉路網を利用した VPN：広域イーサネット

通信事業者が提供する閉じたネットワーク

閉域網

拠点

拠点

拠点

大きな L2 スイッチのようなイメージ

拠点間が大きな L2 スイッチでつながっているかのように拠点間を結んで通信を行うことができます。データリンク層を介して繋がっているため、拠点間でルーティングプロトコルを使ってルーティングを構成したり、ネットワークを仮想的に分割する VLAN といった Ethernet の技術を拠点をまたいで利用したりできます

　広域イーサネットはデータリンク層で拠点間を接続します。このため IP-VPN と異なり、データリンク層のプロトコルは Ethernet に限られますが、ネットワーク層のプロトコルは IP に制限されません。ルーティングプロトコルを使って複数拠点のルーティングを管理したり、L2 スイッチで閉域網に接続し、物理的に離れた拠点を同じ IP セグメントとして構成したりすることもできます。

　また、IP-VPN と比べて通信速度が速く、遅延幅が少ないといった利点も存在します。

 VPN にはいろいろな種類があるんですね

それぞれが異なった機能や役割を持っているから、実現したい用途に応じて使い分ける必要があります

 そのためには、それぞれの VPN について知るところから始めないといけないですね！

ゼロトラストのきほん

クラウドやテレワークが普及し、働き方だけでなく、情報資産のあり方は大きく変わりつつあります。そんな時代に求められる新しいセキュリティを紹介しましょう。

43-1 現代に求められる新しいセキュリティ

　ここまで、現在よく使われている情報セキュリティやネットワークに関する技術について触れてきました。しかし、テレワークの増加やクラウドの活用など、ネットワークに関する状況や技術は常に進歩・変化しており、それに合わせてセキュリティの分野にも変化が起きています。

　ここでは、新しいセキュリティモデルとして扱われることが多くなってきた**ゼロトラスト**について簡単に見ていきましょう。

　ゼロトラストとは、2010年にアメリカで提唱されたネットワークセキュリティの概念です。全ての通信が信頼できないという前提の基に通信を検証し、情報資産を守るという概念、考え方をいいます。

43-2 境界防御モデルの考え方、構成

　これまでのネットワークセキュリティでは、**境界防御モデル**という考え方が一般的でした。ネットワークにおける境界防御とは、ネットワークを信頼できる領域と信頼できない領域に分けるものです。境界の内側は信頼できる領域とし、検証などを厳重に行わずに内部のシステムやリソースといった情報資産へのアクセスを許可します。

　反対に、境界の外側は信頼できない領域として扱います。境界外部からのアクセスを厳重に検証することで、情報資産が存在する境界内部への侵入を防ぐのです。

このように境界の内部と外部で信頼を設定し、境界を越える通信を厳重に検証して資産を守る考え方、構成が境界防御モデルといわれるものです。ファイアウォールやVPN、プロキシサーバなどを用いて実現されています。

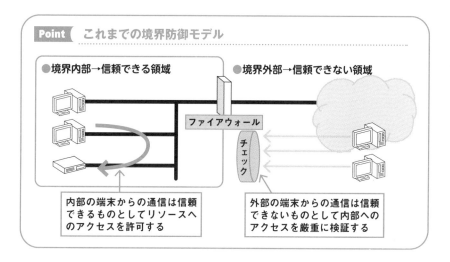

43-3 ゼロトラストは全てを信頼しないという考え方

元々、境界防御モデルは境界内部、例えば社内などに守るべき情報資産やシステムが存在し、それらにアクセスするユーザーやクライアント端末も境界内部に存在する、という前提で考えられていました。

例えば、社内とインターネットの接続部分にファイアウォールを導入して外部からのアクセスを防いだり、外部から社内にアクセスするためにVPNを使用したりするなどして境界内部を守る、つまりネットワークそのものを安全に保つ仕組みを作り上げてきました。

しかし、様々なクラウドサービスの普及や、テレワークの導入といった勤務環境の変化が起こり、守るべき資産やシステムが社内ではなく外部にも存在したり、アクセスしてくるクライアントが外部にも存在したりといったことが当たり前になってきました。

2010年に提唱された**ゼロトラスト**では、アクセスされるシステムやリソー

スといった情報資産を守ることに主眼を置いています。対象のシステムやシステムを利用するクライアント端末やユーザー、利用するロケーションに関係なく、全ての通信を無条件に信頼しないものとしてあらゆるアクセスを検証することで安全性を確保します。

　例えば、ある端末で社内システムにアクセスした場合、その端末が登録済みの端末かどうか、マルウェアに感染していないか、セキュリティソフトが最新の状態であるかなど、様々な項目をチェックします。

　このように全てを信頼しないものとするところから、ゼロトラストと呼ばれているのです。ゼロトラストモデル、ゼロトラストネットワークなどと呼ばれることもあります。

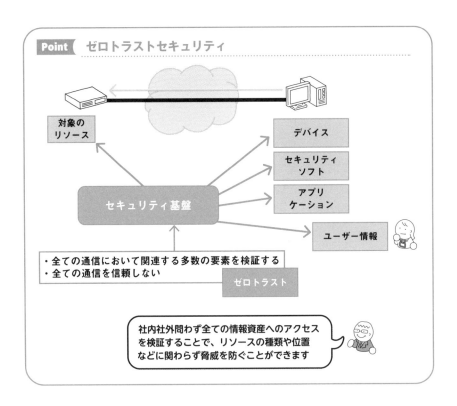

Point　ゼロトラストセキュリティ

対象の
リソース

デバイス

セキュリティ
ソフト

アプリ
ケーション

セキュリティ基盤

ユーザー情報

・全ての通信において関連する多数の要素を検証する
・全ての通信を信頼しない

ゼロトラスト

社内社外問わず全ての情報資産へのアクセスを検証することで、リソースの種類や位置などに関わらず脅威を防ぐことができます

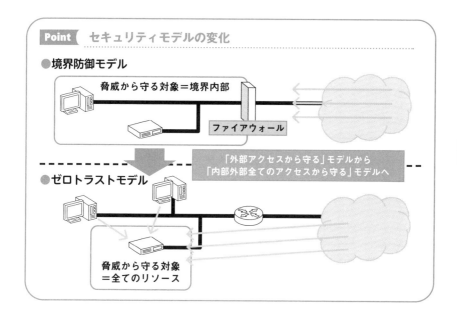

43-4 ゼロトラストの原則

　先ほど述べた通り、ゼロトラストはあくまで概念、考え方です。明確なプロトコルや製品、そして定義があるわけではありません。

　ですが、その参考になるものとして、2020年8月にNIST（米国立標準技術研究所）が発行した「SP 800-207 Zero Trust Architecture」にてNISTが描くゼロトラストが定義されました。これはあくまでNISTが提唱したものですが、ゼロトラストモデルを考えるうえでとても参考になる資料です。SP 800-207の中では、NISTによるゼロトラストの考え方をまとめた7つの原則が公開されています。この原則は、ゼロトラストに則った環境を構築していくうえで意識するべき重要な理念です。

> **Point** ゼロトラスト 7 つの原則
>
> 1. データやサービス、機器などは全てリソースとみなす
> 2. ネットワークの場所に関わらず全ての通信を保護する
> 3. リソースへのアクセスはセッション単位で許可される
> 4. リソースへのアクセス許可は動的なポリシーで決定される
> 5. 企業は自身の持つ全てのリソースの完全性とセキュリティの状態を監視する
> 6. アクセスを許可する前に、動的に認証・認可を確認する
> 7. 企業は自身の持つリソースやインフラ、通信状態についての情報を収集し、セキュリティを高めるために利用する
>
> 出典：SP 800-207 Zero Trust Architecture 内「2.1 Tenets of Zero Trust」
> https://nvlpubs.nist.gov/nistpubs/SpecialPublications/NIST.SP.800-207.pdf

　現在のネットワークセキュリティでは、ゼロトラストの考え方が用いられることが増えてきています。しかし、ゼロトラストはあくまでも概念ですので、これといった 1 つの製品、例えばクライアント PC にインストールするセキュリティソフトウェアを導入すれば実現できるというものではありません。各企業が自分たちでゼロトラストを実現するために必要な要素を調査し、一つ一つ問題を解消し、組み上げていく必要があります。

　ゼロトラストだけでなく、セキュリティの世界では日々新しい技術や概念が産み出されています。既存の技術を学ぶことはもちろん大切ですが、興味があれば新しい技術やニュースを日々チェックしてみましょう。

新しい分野を学ぶのは難しいですね…

そうですね、セキュリティに限らず新しい技術はどんどん誕生しているので、常にそれを追いかけるのは大変です

まずは技術に関するニュースをチェックして、技術を身につけるとまではいかなくても、関心を持つようにしてみましょう

セキュリティ関連技術のきほん

練習問題

問題 1

情報セキュリティの三大要素の説明として正しいものはどれですか？

① 機密性とは、情報を破壊、改ざんなどから保護することである。
② 完全性とは、情報へのアクセスを許可されている人だけが、情報にアクセスできるようにすることである。
③ 可用性とは、情報を利用する人が、必要なときに必要な情報資産にアクセスできるようにすることである。
④ 情報セキュリティの三大要素とは、機密性、完全性、信頼性のことを指す。

問題 2

SSL/TLS の説明として正しいものはどれですか？

① 送受信するデータを暗号化することで第三者に盗聴されても内容の解読が困難な状態にする。
② SSL は TLS の後継のプロトコルであり、TLS を基に標準化された。
③ 現在では主に TLS1.0 が用いられている。
④ SSL/TLS には証明書を用いた通信相手を認証する機能が備わっていない。

問題 3

インターネット回線を利用した VPN について正しいものはどれですか？

① IPsec-VPN は拠点間を接続する VPN では用いられない。
② IP-VPN はインターネット回線を使用した VPN サービスである。
③ サイト間 VPN では、それぞれの拠点に設置した NW 機器が VPN の処理を行う。

④ テレワークで利用するリモートアクセス VPN では通信事業者の提供する閉域網を利用している。

問題 1 解答

正解は、③の「可用性とは、情報を利用する人が、必要なときに必要な情報資産にアクセスできるようにすることである。」

情報セキュリティの三大要素は機密性、完全性、可用性の3つを指します。機密性とは、情報へのアクセスを許可されている人だけが、情報にアクセスできるようにすることです。完全性とは、情報を破壊、改ざんなどから保護することです。

問題 2 解答

正解は、①の「送受信するデータを暗号化することで第三者に盗聴されても内容の解読が困難な状態にする。」

SSL/TLS は、Web の通信や VPN などで用いられている、通信相手の認証や暗号化といった機能を持つプロトコルです。元々は SSL というプロトコルでしたが、SSL を基に標準化された TLS というプロトコルが現在用いられています。また、現在主に用いられているのは、TLS1.2 や TLS1.3 といったバージョンです。

正解は、③の「サイト間 VPN では、それぞれの拠点に設置した
NW 機器が VPN の処理を行う。」

インターネット回線を利用した VPN は、主にサイト間 VPN とリモートアク
セス VPN の 2 つに分けられます。

サイト間 VPN では、IPsec–VPN を用いて拠点に設置した NW 機器間で
VPN を確立し、各拠点内の端末は VPN の処理を行いません。

リモートアクセス VPN では、拠点に設置した NW 機器とクライアント PC
間で VPN を確立し、クライアント PC にインストールされた VPN クライア
ントソフトウェアが認証や通信の暗号化などの処理を行います。

インターネット回線を利用しない VPN には、通信事業者が提供する閉域網を
利用した IP–VPN、エントリー VPN、広域イーサネットなどがあります。

さくいん

著者紹介

システムアーキテクチュアナレッジ
URL：https://www.networkacademy.jp

SI企業、株式会社エスアイイーが秋葉原で運営するIT技術専門スクール。
「仕事に活かせる技術の教育」を教育理念とし、2004年6月に設立された。
CCNAやCCNP、LPICなどをはじめとするインフラ系資格教育や、Java、PHPなどの開発言語の教育講座を展開している。特にCCNA、CCNPといったネットワーク系教育講座については、国内最大手通信キャリアや一部上場SIerの社員研修を受託、実施するといった実績を持つ。法人・個人問わず門戸を広く開放しており、IT業界への就転職を希望する未経験者や、さらなるスキルアップを目指す現職エンジニアなどが多数通学している。
自社作成・開発のE-ラーニング動画や問題演習システムなどがその一例である。対人教育×E-ラーニングでお互いのメリットを活かした教育実現を目指している。
10周年と同時に新宿校をオープンし、現在に至る。

川島 拓郎（かわしま たくろう）

ITスクール「システムアーキテクチュアナレッジ」で主にCCNAやCCNP、Linuxといったインフラ系の担当講師を務める。講師業と並行して、ネットワーク等インフラの運用保守、構築の現場やセキュリティ診断など幅広い案件に携わっている。
CCNAやLPICといった資格対策の授業では、現場で得た知識や経験をもとにした講義を展開し、IT未経験から業界へチャレンジする生徒たちを着実に合格に導いており、資格合格で終わらない学習機会を常に提供し続けている。

執筆協力：システムアーキテクチュアナレッジ　手崎 勇人（てざき はやと）
　　　　　　　　　　　　　　　　　　　　　中澤 瑛太（なかざわ えいた）
　　　　　　　　　　　　　　　　　　　　　山本 将太郎（やまもと しょうたろう）

装幀／イラストレーション	MORNING GARDEN INC.
本文 DTP	ケイズプロダクション

イラストでそこそこわかるネットワークプロトコル
通信の仕組みからセキュリティのきほんのきまで

2022年 9月14日　初版　第1刷発行

著　　　者	川島 拓郎（システムアーキテクチュアナレッジ）
発 行 人	佐々木 幹夫
発 行 所	株式会社 翔泳社（https://www.shoeisha.co.jp/）
印刷・製本	中央精版印刷株式会社

ISBN978-4-7981-7199-9　　　　　　　　　　　　Printed in Japan